日本近代科学史

村上陽一郎

講談社学術文庫

まえがき

日本が本格的な西欧科学の洗礼を受けてからほぼ一世紀が経った。この間、日本文化はさまざまな激しい動揺を被りながらも、そのショックに耐え、吸収し、西欧以外の文化圏には数少ない西欧科学的な国に育った。

現在のわれわれにとって、科学の所産である技術と、科学的思考方法との有効性を疑うことはほとんど無意味にさえ思われる。もちろん現在でさえ、自然の中に現われるすべての現象を科学がコントロールしたり、説明したりする、と信じている人はいないだろう。それにもかかわらず、科学がそういう問題を一つ一つ着実に解決してきたことを否定する人の数は少なく、今後も今までのやり方で進んで行くことに楽観的でない人の数はさらに少ない。その意味で、西欧科学という、人間の自然に対する一つの付き合い方は、われわれ日本人の根本的な精神構造にまで根を下ろしているように思われる。

しかし事態はそれほど簡単だろうか。よしそれが本当であるとしても、一体どういうプロセスをたどって日本人は、そのような精神文化の構造を改変することができたのであろうか。

そもそも、西欧にのみ誕生した西欧科学をそれとはおよそ違った文化圏が受け容れるのに、一体どのような対価・犠牲が必要なのだろうか。受け容れられた科学の側にもひょっとしてなんらかの改変はないであろうか。そして、西欧科学を受け容れる際に起こるさまざまな現象こそが、その文化圏に固有の精神的風土の特徴を露わに示す鍵――少なくとも一つの――を与えてはくれないであろうか。

われわれは、日本人である。好むと好まざるとにかかわらず、その事実から逃れるわけにはいかない。永年にわたって日本人の精神構造を築き上げてきたものから自由になることはできない。私が、自然科学の基本構造や、その生い立ちの追跡に興味をもって以来、私のなかで折に触れてぶつかり合うのは、西欧という特定の文化圏に生まれながら、現在人類一般にとって普遍的《ユニヴァーサル》になりおおせた自然科学的な思考体系と、それを論理的・歴史的に分析する主体者である私の、日本人としての意識とであった。そのぶつかり合いは、私自身のなかでも、表面極めて問題なく処理されているように見えるだけに、分析の鋒先をぬるりとかわしてしまうえたいの知れないものと思われた。

そのぶつかり合いを日本の歴史の上に探してみることを目的として、私はこのつたない著作にとりかかった。その試みを通して、問題のぶつかり合いに対する日本人の処理の巧妙さを改めて確認すると同時に、西欧科学という最も普遍的な体系との対決の仕方のなかに、日本思想という個別的な文化形態の特徴を僅かながら明らかにすることができたように思う。

したがって、表面的な体裁を見れば、本書は、時代の推移をほぼ忠実に追って書かれた、日本における西欧科学受容の小通史という形をとってはいるが、記述の中心点は、あくまで、日本文化の特質を、西欧科学という踏み絵を使って考えていこうとするところにある。もとより浅学の身、本書でその大きな目的が達成できたと誇る自信はまったくないけれども、西欧科学を言わばリトマス試験紙として、さまざまな文化圏の特色を比較検討しながら明らかにする、という比較科学思想史への、ささやかな礎石の、極く一部なりと本書が担うことができれば、筆者の望外の喜びである。

一九六八年盛夏

著　者

目次

日本近代科学史

日本近代科学史

第一章　西欧の科学・技術

「科学は、ギリシア人式にものを考えることである」

近代科学は、残念なことに、日本には生まれなかった。日本だけではない。世界最古の文明の発祥地のなかに数えられる中国・インド・中東をもつアジアのどの地域をとってみても、近代科学発生のきざしさえ、見られなかった。近代科学は、ギリシアとローマの文明を祖先の遺産として継承する西ヨーロッパにのみ生まれ、そして育った。バーネットという古典学者は、「科学とは、ギリシア人の思考法で、ものを考えることである」という表現で、このような事情の一面を鋭く言いあてた。

けれども、当然ここで読者は、つぎのような疑問をもたれるにちがいない。第一に、世界の三大発明と呼ばれる「製紙・羅針盤《らしんばん》・火薬」は、どれも西ヨーロッパの生んだものではないし、第二に、ギリシア人の考え方でものを考えることが科学なら、近代科学はギリシア科学と同じものなのであろうか。

この二つの疑問は、どちらも、近代科学を考え、またそれと日本とのあいだの関係を考えるうえで、非常にたいせつなポイントを含んでいるように、私には思える。そこで、この二つの問題、つまり、科学と技術とはどう違うのか、そして、ギリシア科学と近代科学とはどういう意味で同じであり、またどういう意味で違うのか、これらの点を、しばらくのあいだ、考えてみることにしよう。

意味のある相関関係

大昔、まだ人間が薬などというものを知らなかったころ、食べすぎて胃が苦しくてしかたのない人は、どうしただろうか。なにかの拍子で口に入れてみた草の葉が、食べすぎの苦しさをやわらげてくれる、というようなこともあったろう。犬が夢中で食っている草の葉を、自分も食べてみたら、胃が急にすっきりした、というようなことも想像できる。もっとも、はじめのうちは、その草の葉を食べたことが、胃をすっきりさせた、とは気づかれなかったかもしれない。しかし、そういう体験がたびたびくり返されるにつれて、この草の葉は、胃のもたれをとりのぞいてくれる、という原因と結果との関係（因果関係）が、人間の頭のなかにはっきりした形をとりはじめるにちがいない。

このように、人間が体験を通じてあるパターンをもった因果関係（うえの例では、「ある草の葉を食べると、胃のもたれが治る」）を知識として自分のものにした場合、そのパターンをもった因果関係のことを、経験法則と呼んでいる。

もっとも、因果関係というのは、かなりいろいろな問題を含んだ概念であって、ほんとうは、きびしく、また詳しく調べてみる必要のある事がらの一つなのである。

たとえば、「カエルが鳴くと、雨が降る」というのは、古くから人間が体験を通じて自分のものにしてきた経験法則である（実際、統計的に見ても、その間の相関関係は、まったく無意味なものとは言えない、と考えられる）。けれども、今では普通、「カエルが鳴く」ことと、「雨が降る」こととのあいだに因果関係がある（つまり、「カエルが鳴く」ことは「雨が降る」ことの原因である）とはけっして言わない。言いかえれば、意味のある相関関係（実は、この表現も、詳しい吟味が必要である）と、ほんとうの因果関係とは、いつも重なっているわけではないのである。

しかしここで、このような問題を詳しく扱っている余裕はなさそうである。そこで、ここに言う因果関係は、非常に広い意味での、つまり、いわゆる意味のある相関関係すべてをひっくるめた意味で使われたことばと考えておくことにしよう。

経験法則

このような因果関係の確認、言いなおせば、経験法則の成立に見られる特徴は、その関係についての体験がたびたびくり返されることによって、しだいに確かなものになっていく、ということにある。もちろん、さきほどのような例では、誤ると命にかかわるような事態が起こる。

古典落語の一つに「そば清《せい》」というのがある。そばっ食いの名人の清さんは、ざるそばを何枚食べられるか、いあわせた人たちとかけをしては勝っている。清さんは旅に出て、山のなかでウワバミが人間をのみこんでいるのに出くわした。ふるえながらのぞいている清さんの前で、ウワバミは人間ひとりをのみこんでビール樽《だる》のように腹をふくらませていたが、あたりにはえているある草の葉を食べると、たちまちウワバミの腹はもとのように小さくしぼんでしまった。清さんは考える。これは強力な消化薬の薬草にちがいない。やがて江戸に帰った清さんは、とてもできそうにないそば食いのかけに応じる。こっそりふところに、ウワバミの草の葉をしのばせて。どんどん平らげて苦しくなった清さんはころあいをみて、ちょっと外に出て、ウワバミの草の葉を食べる。いっこうにもどってこない清さんを追いかけて外に出てきた人びとの見たものは、そばの山だけであった。ウワバミの薬草は、人間を溶かす薬であったのだ。

おもしろくてちょっと無気味でもあるこの話は、しかし笑っていただくためにここに書いたわけではない。経験法則であるかぎりは、それを確かめるためには、実際に体験してみるほかはない。試行錯誤をくり返して獲得される経験法則の成立に際して、ただ一回の錯誤でも人間にとって致命的な結果となるような分野では、そば清さんのような犠牲者が多かったことは、想像することができる。

しかしいったん、経験法則が確かなものとして確立されてしまうと、それは人間にとって大きな力を発揮することになる。「ある草の葉を食べると、胃がすっきりする」ことが確かな知識となれば、その知識をもつ人びとは、胃が重く苦しいときには、それを治すことを目的として、その草の葉を食べるようになるであろう。こうして、自然に関してわれわれ人間が獲得するさまざまな経験法則は、人間にとって好ましくない状況を好ましい状況へ、好ましい状況はより好ましい状況へと改変することを目的として、人間によって利用されるようになる。一口に言えば、技術とは、人間のこのような活動を言うのではなかろうか。

「なぜ」という問い

これに対し、「この草の葉を食べると、胃がすっきりする」という経験法則に接したとき、たいていの人間は、「今度胃の重いときがあれば、この草を使ってみよう」と思うと同時に、「いったいなぜ、この草の葉を食べると、胃がすっきりするのだろうか」と、疑問に思ってみる。今私は、〝たいていの人間〟と書いたけれども、実はそこのところが少し怪しいのである。けれども、その怪しいところはあとまわしにして、もう少し議論を進めることにする。

「なぜ？」と尋ねることは、人間の最も基本的な欲求のように、少なくとも現在のわれわれには感じられる（どうも表現の歯切れがわるいのは、さきにあとまわしにしたところと関係があるからである。その点はおいおい明らかにしていくつもりである）。「なぜ？」に対する答え方は、幾通りもあろう。

小さい子供はよく「なぜ？」を連発することが知られていて、実際子供のしつこい「なぜ攻撃」に辟易《へきえき》させられた経験はだれしももっているが、一方、子供はまた簡単に変な納得をしてしまうこともよくあることである。たとえば、「なぜこの草の葉を食べると、お腹《なか》の気持ちがよくなるの」という質問に、「この草の葉は苦いから」と答えたとしよう。当然「なぜ苦いと、お腹が治るの」と尋ねるだろう。そのとき「お腹のなかであばれていたわるい悪魔が、苦いのをいやがって逃げ出すから」と答えてやれば、子供は「ふん」と言って納得するかもしれない。

まさかおとなは、「なぜ？」に対するこのような答えに満足はすまいが、これを、「草の葉のなかに含まれている苦りの成分が、胃のなかの細菌を殺してしまうから」という答えに置きかえたとしたら、あるいは満足する人も出てこよう。この場合、その人は、現代のわれわれのように、科学的に（であるかのように）「なぜ？」に答えられると満足するような文化的背景をもった人であると考えることができる。だから、科学とは、これまた一口で言ってしまえば、自然についての経験的な関係のあいだに、「なぜ？」に関する答えを組織的に見つけていこうとする人間の営みである、と言ってよいであろう。

理論系

科学が「なぜ?」という問いかけに対する答えの追求である、と言っても、「なぜ?」に答えればつねにそれが科学になるとはかぎらないことは、すでに述べた子供に対する答え方の例から考えてもはっきりしている。「なぜ?」という問いかけへの答えが、科学となることができるためには、その答えが、経験法則、あるいは二つのできごとのあいだに確立された意味のある相関を、因果的に(狭い意味で)説明してくれるようなより広く大きな理論系(一つ一つの経験的な法則を、そのなかの単なる一つの例として包みこんでしまうような)の立場から与えられたときである。その意味では、科学は、普通、経験法則についての「なぜ?」を解決してくれる理論系を探究していくこと、というように解釈されていると考えてよい。

一つおもしろいことは(ある意味であたりまえのことであるが)、技術の場合には、この「なぜ?」に対する答え(それを与えてくれる理論系)が必ずしも必要ではない、という点である。もし理論系を欠いているということが、その経験法則を無効にするという理由になるのであれば、医学、薬学、生物学その他、多くの学問が、われわれ人間に役立つという技術的な面で、われわれに与える利益は、ほんとうにわずかなものになってしまうはずである。

そしてこのことは、同時にもう一つの、より重要で興味ぶかい論点を探りあてる。それは、普通われわれが、なに気なしに「科学」と呼んでいるものが、ここで私が区別してみた「科学」と「技術」のうちの、「技術」のほうに、どれほど多くたよっているか、という事実である。そしてそれにもかかわらず、「科学」が、「科学」自身のなかにある「技術」としての側面、つまり、経験にたよる部分をなんとかして少なくしていこうとしていることも、またはっきりした事実であろう。言いなおせば、自然に関しての経験的な「技術」を理論による「科学」で置き換えていくことこそ、最も基本的、根本的な意味合いでの「科学」と言うことができるのではないだろうか。コナントという学者は、このような事情を、知識において〝経験主義の度合いを低めること〟(lowering the degree of empiricism) こそ、科学の本質である、と説明している。

こう考えてみると、人間に好ましい（より好ましい）状況をつくろうとしてある目的が設定され、照準されたとき、それを解決する方法に、「科学」は参与しない、あるいは、少なくとも「科学」が参与する必然性はない、という、やや逆説的な結論が出てくる。

近代科学と技術

もっとも、さきに触れたように、現在われわれが「科学」と呼ぶ領域には、きわめて広範囲にわたって「技術」(経験主義) が入りこんでおり、科学化もしくは理論化(経験主義の度合いを低めること) が他の領域に比べて進んでいる、と考えられている物理学なども、程度の差こそあれ、その点で厳密な例外にはならないし、もう一つ大事なことは、理論化が進むと、新しい「技術」(ある特定の目的の解決・達成方法) が、それによって急激に、また格段の進歩を遂げるのであり、また逆に、何か人間にとって非常にたいせつな目的の解決・達成手段としての「技術」があるからこそ、それを理論化しようとする人間の「なぜ？」の追求姿勢も、強い駆動力を与えられるのである。その意味で、近代科学発生以来今日では、私がさきに区別したような「科学」と「技術」とは、別個の二つの概念ではもとよりないのであって、お互いがお互いのなかに、自分自身の動機を見出す、という、相互規定的な性格をもった関係のなかにある。つまり、両者は一体となった有機的な体系を形成している、と考えることができるのである。有機的にからみ合うこの二つの人間活動の方向を、はっきりと区別し、一方から他方を洗い出し、純粋な「科学」、純粋な「技術」として独立に取り扱うことは、いわゆる西欧流の近代科学の洗礼を受け、その流れのなかにいるわれわれには、あまり意味のあることではないかもしれない。

けれども、「科学」と「技術」という二つの働きが志向する方角が、前に見たような形ではっきり区別できる、という指摘は、現在の自然科学の分析のために必要な事がら、というのではなく、むしろ、端的に歴史的な事実なのである。ここに指摘した形での「技術」は、およそ人間の社会の存在するところであれば、多かれ少なかれ、必ず存在している。一つの照準された目的を達成・解決するために、自然に関する経験法則を利用するという姿勢は、どんな原始民族にも備わっている。

ただ、照準された目的を達成・解決する方法には、多くのとるべき道があり、その意味では、「技術」には、より良い技術がありうる、言いかえれば、「技術」には進歩がありうる、ということは、指摘しておいてもよいであろう。その観点からみれば、当然、近代科学に伴われている「技術」は、他の文化圏のなかの「技術」に比べて、ずばぬけてすぐれている、と言うことはできる。しかし、そのことが、「科学」(それは必然的に、西欧の近代科学をさす)を欠いている文化圏のなかにも「技術」がある、ということを否定するわけではない。

科学が西欧近代を特徴づける

したがって、たとえ世界の三大発明が、アジアにその起源を有するとしても、それらは、西欧の近代科学とはまったく無縁に存在することができた、という事実、そしてまた、「科学」が、西欧の近代に特有なものであり、「科学」を受け容れることは、けっきょく、西欧の近代を受け入れることを、少なくとも一部含んでいる、という事実には変化はないと言わなければならない。アジアには、「技術」だけがあって、「科学」は存在しなかった、という言い方は、誤解を招きやすいし、それが正しいかどうかを容易に判断できるほど、アジアの思想の歴史的解析が進んでいるわけではない。最近、ようやくわが国でも、インドの古典的思想のなかに、ギリシア的な自然学との類比を見つけ出そうとする試みが行なわれるようになったことから考えても、そのことははっきりしている。しかし、その場合でも、類比のお手本とされているのは、ギリシア科学であり、しかもそのギリシア科学は一般には、西欧近代科学を導いたということに、最も深い大きな意義を与えられているのである。

もっとも、そういう解釈自体に対する反省も、現在という時点に立ったときには必要にちがいない。そして、そのような反省の方向も、西欧思想そのもののなかに、すでに見出されつつある。けれども、「科学」がもともと同義反復的に「西欧科学」のことをさす、という事態のほうは、今もあまり変わっていないし、われわれが受け容れ、その流れに巻きこまれながら対処しようとしているのも、そういった「西欧科学」である以上、われわれは、まず「科学」を「西欧科学」として率直に認める立場に立つべきである、と考えられよう。

そうとすれば、アジアの思想的風土のなかにいるわれわれ日本人が、「科学」という概念を頭に思い浮かべてみるとき、それはやはり外来の、西欧近代の一部としての「科学」以外のものとしては規定されえないことも事実なのであり、こうして「科学」は、ギリシア思想を遺産にもつ西欧近代において、初めてその成立が可能であった、という最初の論点にもどってきてしまうのである。

哲学か科学か

それではギリシア科学と西欧近代科学とのかかわり合いは、いったいどのようなものであったのであろうか。それが本筋の主題ではない本書では、ごく簡単に扱うことしか許されないが、もともとそう簡単にはできないその仕事を、できうるかぎりの形でここにスケッチしてみることにする。

はじめに一つ象徴的な例を出してみよう。ニュートンは、言うまでもなく、近代物理学の大成者であり、その運動力学は主著『数学的諸原理《プリンキピア》』(Principia Mathematica)(一六八七年)に収められているが、この本の実際の題名は、Philosophiae naturalis principia mathematica となっている。「自然哲学」(philosophiae naturalis) という表現が、「数学的原理」に当然のように付け加えられていることに、読者は目をとめていただきたい。「自然哲学」という概念は、それだけで厳密な考証を必要とするものではあるけれども、少なくともそれがある種の「哲学」であることだけははっきりしている。

もう一つ、ジョン・ドルトンといえば、近代的な化学的原子論をほぼ完成した人として、科学史上不朽の位置を占める人物であるが、一八〇八年に出版された彼の主著の題名は New System of Chemical Philosophy (直訳すれば『化学哲学の新体系』ということになる) である。ニュートンもドルトンも、ほんとうの意味での科学を打ち立てた最大の貢献者たちのグループに属する、と考えられているが、そのふたりがどちらも、自分の画期的な仕事として世に問うた著作の題名に、philosophy という語を使っているのは、どういうことであろうか。

日本における「哲学」の意味

philosophyという語が日本語で「哲学」であることはどなたもご存じであろう。ついでのことながら、この哲学という語は、もとより日本語本来のことばではなく、また漢語でもなく、明治維新当時、外国から流入するさまざまの新しい概念の外国語に、日本語の訳を造語した際に、西周《あまね》によって鋳造されたものと言われている。その「哲学」と「科学」とは、日本語の文脈のなかでは、ほとんど明瞭《めいりょう》に、対立して使われることが多い（ただし、西周は、諸種の自然学を含めたものが哲学であることをはっきり理解していた）。「哲学」とは、「科学」にまったく無縁な、空理空論をもてあそぶ、わけのわからない閑文字である、という印象は、わが国では漠然《ばくぜん》としかし広く受け入れられていると言ってよい。とすれば、学問のなかでこのように二つの極端を形作っているはずの哲学と科学とが、なぜニュートンやドルトンの場合に、当然のことのように一つのものになっているのであろうか。

このような事情を説明するためには、どうしても、ギリシア以来の西欧の科学思想の流れを、概観しておく必要が出てくる。

哲学は科学であった

今さら言うまでもないが、philosophyという語は、*φιλέω*（愛する）と*σοφία*（知識）との複合語であって、「愛知」という意味である。「科学」という日本語に相当する外国語はscienceであるが、これもラテン語で「知る」ということばからきている（ドイツ語の

Wissenschaft ももちろん wissen＝知る＝に由来する）。これだけのことから考えても、けっきょくのところ、ギリシア時代には、物理学や生物学などの区別はもとより、自然科学と人文科学などのような区別もなく、人間の知的活動すべてを「哲学」、「科学」と呼びならわしていた、ということがわかる。そして、その状況は、実にニュートンやドルトンの時代、いやむしろ極端に言えば一九世紀半ばまで続いていたのである。

ギリシア文化の生んだ最大の人物アリストテレスの仕事が、今で言う宇宙論から医学、心理学から哲学までを、なんらそういう現代的学問領域の壁を意識せずに、自然な形で包含しているように、文豪ゲーテの描くファウストが、神学を含むあらゆる知識を獲得した人物として活写されているように、一九世紀までの西欧では、ひとりの人間が、狭い領域に自分を制限する、ということは、職人の世界ならばいざしらず、学問においてはまったく考えられないこととされていた。

自然は、人間の目の前にくり広げられるドラマであり、そのドラマは、なんらかの統一的原理によって、体系的に把握することができる、という態度は、ギリシア以来、西欧の思潮を貫いて流れる一本の強靱《きょうじん》な帯であり、それは、キリスト教における神の手による自然支配という概念と結びつくことによって、いっそう強固な柱となった。人間は、眼前に見る自然を、統一原理によって理解する、その統一原理は、最終的には神に由来する、という図式があるために、自然に関する包括的な体系は、ごく自然な形で、学問をする人間の追求すべき目標として照準され、ニュートンやドルトン、その他一八・一九世紀の科学者たちでさえ、そのような目標のもとに、自分たちの仕事を築き上げていた、ということは、記憶される必要がある。

ギリシア科学の伝統

しかも、その際に、自然と人間とは、舞台と観客という形で対峙《たいじ》し合い、理解されるものと理解するものとは、つねに冷厳に分離されている。この意識的な分離は、キリスト教から、自然の統括者としての神、およびその神の似像（imago Dei）である人間の備えている自然理解能力――それは、神のもつ自然統括能力の不完全な形での類似ということになる――という概念を取り入れることによって、理論的にも裏付けられた。神学と科学までもが、それと意識せずに一体化されていた、と言うことができよう。

ギリシア科学の精神は、キリスト教神学と結ばれつつ、西欧の思潮の中心として、つねに生き続けてきた、と言われるのは、このような事情があるからである。

中世の橋渡し

一方、ギリシア科学の具体的な内容そのものは、一六世紀半ば以来のいろいろな人びとによる改革――総称して「科学革命」と呼ばれる習慣が定着化した――を経て大きく変わった。もっとも、しばしば漠然と信じられているように、西欧におけるギリシア科学は、ただ連綿と無難に中世を生きのびて、科学革命を迎えたのではなかった。

西ローマ帝国の滅亡（五世紀後半）後の西ヨーロッパは、文化的にはまったく後進地域となり、ギリシア科学の遺産は、そのほとんど大部分が東方に移ったが、七世紀のイスラム帝国の成立は、さらにこの傾向に拍車をかけた。

東ローマ帝国とイスラム帝国によって、ギリシア科学が一つの発酵熟成を経験したことは、これまで信じられてきたよりも、西欧近代科学に対してはるかに重要な意義をもっているのではないかと、私は考えている。なぜなら、フランク王国を中心とする中世西ヨーロッパ諸国は、地中海周辺の交易以外は比較的閉鎖的であり、ギリシア科学がもしヘレニズム文化圏やイスラム文化圏の手を経なかったならば、自らアラビアの科学――それは、単に、ギリシア科学の継承と西ヨーロッパへの伝達、という役割以上の功績を果たした――を取り入れることもなかったろうし、たとえばインドの数記法最大の利点である、空位の桁《けた》を表わす符号（ゼロ）も、そう手早くは導入される機会をもたなかったであろうし、また、ギリシア科学のなかの最も大きな弱点である、ものごとの代数的取扱いを、自分のものとするのにももっと長い時間がかかったであろう、と考えられるからである。

このようにして、東方とイスラムの文化圏で熟成したギリシア科学は、そのためにアラビアの神秘思想などの夾雑物《きょうざつ》を加えられることはあったが、西方世界が一二世紀に十字軍をきっかけに対外的発展に乗り出し、一方、東方世界にあってはトルコの圧力をきっかけとして、西ヨーロッパにインテリ階級が流入するようになると、それらの流れに乗って豊富な文献類という形で西方世界にどっとはいりこんできた。こうして後進国であった西方世界は、一二世紀になってようやく学問の領域における中心の地位を獲得する基礎を築きはじめたと言ってよい。

しかし、ギリシア科学の文献が豊富に入手できるようになっても、長い間学問的後進地域であった西方世界は、はじめのうちは、ギリシア語やアラビア語を読みこなす力ももたず、もっぱらそれらの文献をラテン語に翻訳することに力が注がれた。コペルニクスが若いころ読みふけったと言われるプトレマイオスの『アルマゲスト』も、この当時翻訳されたものとされている。このあたりは、のちに日本に南蛮学という形で西欧科学が初めて導入されたとき、その翻訳に最大の努力が払われたという事情にやや似通っている。とにかく、翻訳の世紀と呼ばれる一二・一三世紀の間に、アリストテレス、ヒポクラテス、ガレーノス、アルキメデス、エウクレイデス、プトレマイオスら、ギリシア科学の精華を伝える業績が、ラテン語で読むことができるようになった結果、西欧におけるギリシア科学研究は、研究者層から言っても、また扱う量から言っても、飛躍的に増大したのであった。それまでは、西欧におけるギリシア科学の伝統は、ごくわずかな一部が、教会の聖職者の間でひっそりと研究されていた、と言ってもよいのであり、たとえば地球が球形である、というギリシア人にとって自明のことである事実さえ、当時の西欧人にとっては、自明ではなくなっているほどの後退を示していた。

ギリシア科学理論体系への疑問

さて、ギリシア科学の実体に容易に接することができるようになり、ある場合にはそれをキリスト教神学的な立場から見直してみると、またある場合には因襲に汚されていない新鮮な目で見直してみると、そしてもう一つ、これも非常にたいせつな点であるが、ギリシア科学の精神を会得するに従って読み取られていったギリシア科学そのもののもつ自然理解の方法論を使ってあらためて見直してみると、ギリシア科学の説く自然についての体系的説明のなかには、多くの難点が隠されていることが、しだいに明らかになってきた。

こうして、翻訳の世紀に続く、ギリシア科学消化のための数世紀を過ぎると、ギリシア科学の中核をなす学的態度そのものは変わらなかったが、自然についての具体的な説明に対する反論の火の手は、さまざまな形で盛んになりはじめた。

神の権威のために、プトレマイオスの体系の複雑さを退け、より単純・明晰《めいせき》な太陽中心説をとろうとしたコペルニクス、ガレーノス自身の説くところに従って、実験的観察を重んじることを学んだ結果、ガレーノスの体系のなかの少なくとも血液、心臓論を根底からくつがえすことになったハーヴェイ、神学的立場のゆえにギリシア科学の言うところに近代科学的な反論を加え、またその革命的な神学的立場のゆえに（近代科学的知見のゆえにではなく）焚殺《ふんさつ》の運命をたどったブルーノやセルベト、そしてガリレオ、ニュートン、ドルトンらに至る壮大な改革の結果、ギリシア科学が、近代科学に置き換えられたことは、よく知られた事実ではある。それゆえギリシア科学と西欧近代科学とは、具体的内容においてすっかり異なっていることは明白である。

しかしながら、さきに述べたような、ギリシアから近代を貫く本質的な科学の性格、すなわち、人間という観察者による自然の統一的体系的把握、という性格は、変わってはいない。その意味において、「科学」は、確かに「ギリシア人の自然についての思考法」という一面をもっているのである。

ギリシア科学と近代科学

それでは、ギリシア科学と西欧近代科学とは、具体的な説明体系の違い以外には、まったく異なったところがないのか。もしそう言いきったとすれば、やはり誤りとなろう。そこには、かなり重要な点で、いくつかの違いを認めることができる。

その一つは、科学革命期に至って、科学と技術とが、はっきりした協力関係――すでに示《し》唆《さ》したように、それが近代科学の特徴の一つであり、私は、両者の有機的結合体として、近代科学をとらえておいた――を示すようになった、という点である。ギリシア時代には、どちらかと言えば、「技術」は職人の仕事であり、哲学（すでに述べた意味での）者のなすべきことは、理論体系の追究、すなわち「なぜ？」に対する答えの探究にあった。アルキメデスのような例外はあるにしても、この傾向、と言うよりむしろ偏向は、ほとんど他の文化圏には見られないギリシア科学の大きな特性と考えることができよう。そしてその偏向のゆえにこそ、西欧において近代科学もギリシア科学を受け継いで、他の文化圏に類のない科学を築き上げることができた、と言ってもよい。

しかし、数学の計算まで計算屋に発注されるほど、この偏向が著しくなっていた中世末期に、実際の仕事にたずさわる職人の発言力と、問題の処理能力は飛躍的に増大し、やがて科学革命期にはいるや、「科学」と「技術」との有効な結婚を企てることによって、新しい「科学」体系の創造への道を歩む人びとが多く現われるようになった。ガリレオ、ボイルらの目ざましい業績は、こういった気運のなかで生まれたのである。

このような気運が、中世の合理主義に対する反動としてとらえられれば、その行く手は、イギリス経験論ということになる。しかし、普通哲学史でとられるこのような図式は、やはり多少一面的という印象を免れることができない。

科学は哲学から離れはじめた

さて、近代科学に本質的なもう一つの特徴は、「科学」と「技術」の結婚の方向とは逆な、「科学」と「哲学」との離婚と、それに伴って現われた「科学」の多岐的独立の傾向である。

「科学」と「哲学」の離婚が、はたしていつ起こったか、それをはっきり言うことはおそらくできまい。さきに触れたように一九世紀前半のドルトンさえ、「哲学」という語で「自然科学」のことを意味させていたし、最も哲学者らしい哲学者カントにも、きわめて多くの「自然科学」的業績がある。その一方現代のアインシュタインを例にとれば、『アインシュタイン、科学者―哲学者』（英語版）という本さえ出ていることからわかるように、現代でも、「哲学」と「科学」は必ずしも、離婚しているわけではない、という考えは成り立つかもしれない。しかし、一九世紀において、「科学」と「哲学」の分離が明瞭化したことは、かなりはっきりしており、また、それだからこそ、現代においてアインシュタインが、特異な存在としてその双方の名を冠せられる、という事態も起こった、と考えるべきであろう。

「科学」と「哲学」とがそれぞれの守備範囲を明らかにするにつれて、科学自身のなかにも、扱う対象に関し、また扱う方法に関して、自然に、さまざまの独立した分野が出現するようになった。ある「科学」は、特定の種類の対象のみを取り扱い、それらの対象のあいだの法則にのみ妥当な理論系を組み立てるべきである、という個別科学の独立運動は、一九世紀なかごろに、ようやく顕著になったのである。

日本では

本書がこれから取り扱うように、日本は、二度、西欧科学の洗礼を受けている。はじめは、西欧においてもまだ近代科学が成立しないころの、したがって本質的にはギリシア科学と大きくは異ならない科学をキリシタン時代に、そしてそれに続く江戸時代には、科学革命期を経て近代科学に生まれ変わった西欧科学を蘭学という形で、それぞれ受け入れ、二度目はもっと徹底したやり方で、しかも江戸時代を通じての西欧科学の移入もある程度そうであったように、支配層からの一種の政策としてきわめて強力に、明治期にその意識的な移入が進められたのであった。

江戸時代には、その西欧科学が、科学革命期を経る前か後かにはかかわりなく、どちらの場合も、「科学」という語では呼ばれなかった。「科学」という語はまだなかったのである。江戸末期に、それに当たる語としては、少し領域にずれがあるようにも思われるが、「窮理の学」というようなことばが当てられていた。窮理というのはもともと易の説卦《せつか》に出てくることばである。したがって、儒教的な「天道の理を窮《きわ》める」というのが本来の意味であった。外来思想を移植するのに、従来存在していた概念で読みかえ代用することは、よく起こるが、一方それに伴う危険もあることは忘れてはならない。「科学」という語は、「哲学」よりもさらに遅れて、明治期に使われはじめたもののようである（西周は physical sciences を「物理上学」と訳し、physics には「格物学」という語を当てている。そして、現在の

「自然科学」に近い概念をさすときには、単に「物理」と呼んでいる。これは加藤弘之なども同じである)。そして、この「科学」という訳語は、日本が明治期に受け入れた当時の西欧科学のもっていた特徴を、よく物語っている。

科学は分科の学

「科学」という語は「分科の学問」ということをさしている、と言われる。ということは、「科学」とは単に「個別科学」の意味であり、philosophy はおろか science ともまるで無関係なことばであることになる。したがってほんとうの意味で science を訳したことばとは言えない。一九世紀後半、西欧科学内部での個別領域の独立が完成したちょうどそのころ、「哲学」と「科学」の守備範囲がすっかり異なるものとして規定されるようになったちょうどそのころ、日本は、そういう状態の西欧思想を、奔流のごとく受け入れはじめたのだった。「日本は、切り花のように、西欧の個別科学の成果だけを導入した」としばしば評される事情は、このことをさしているのであろう。しかし、西欧科学の状況が、個別科学の独立を果たし、各個別科学が自己の領域のなかで着々と成果をあげているその時期に接した日本としては、そのような個別科学の裏にも連綿と流れている、ギリシア以来の「哲学＋科学」の伝統を見つけることができなかったとしても、あながち非難されることはあるまい。実際のところ、西欧においてさえ、それは一時見失われていた、という見方ができるのである。

これまで述べたことを通じ、私は、「科学」――それは、われわれの文脈では必然的に「西欧近代科学」をさす――のおおざっぱな履歴書を書くことによって、「科学」に対する大体の輪郭づけを行ない、また、「技術」と「科学」とを分けることによって、「西欧近代科学」と、他の文化圏での科学的人間活動との違いをも、簡単ながらあとづけてみた。これらは、今後、日本が西欧近代科学をどのように受け入れていったか、という問題を取り扱う際の、いわば基礎構造の役割を果たしてくれるもの、と私は考えている。そして、こういった見地から見た日本文化の特性を、西欧科学受容史の記述のあとでもう一度立ちもどって考察するための準備としても、これまで述べたことは役立ってくれるであろう、と思っている。

第二章　西欧科学接触以前の日本の「科学的」状況

画期的な一五四三年

一五四三年という年は、科学史のなかではなかなか象徴的な年である。コペルニクスが長い間温めていた新しい体系――それはギリシア時代にアリスタルコスなどのお手本があり、プトレマイオスもその体系の論理的可能性を論じている、という意味では、けっして新しいものではないが――を、弟子《でし》のレティクスやオシアンダーの世話で出版にこぎつけた年、しかもコペルニクス自身は、けっきょくその待望の自著『天球の回転について』(De revolutionibus) を手にすることなく死んでいった年であり、一方、近代解剖学の父ヴェザリウスの『人体解剖学』(De fabrica) が刊行され、生理学での新しい波が起こりはじめた年であり、日本との関連においては、二挺《ちょう》の小銃がポルトガル人の手を通じて種子島時堯《ときたか》のもとに届いた年（天文一二年）である。

それらのできごとのもっているほんとうの歴史的意義は、その当時必ずしも理解されていたわけではないし、種子島銃にしても、それが日本人の手にした最初の火薬使用兵器ではなかったようではあるが、くしくも一六世紀半ばのこの年、ヨーロッパにおいても日本においても、近代の夜明けを告げるさわやかな新風が、静かに既成の体制のなかに吹き込みはじめたことは確かであろう。

その上、一五四三年がもう一つ象徴的なのは、コペルニクスの著書が「科学」の理論的側面に、ヴェザリウスの著書が「科学」の経験的データの側面に関する業績であったのに対し、火器の移入という日本におけるできごとは、「科学」の経験的側面のなかでもとりわけ純技術的な事がらに属するものであったことである。これからの記述で明らかになるように、日本の西欧科学の移入が、単に技術的側面のみにとどまった、という言い方は、正しい立場から見られたものでないかぎりは、誤解を招きやすい。しかし、そういう誤解が生じるような状況が存在したことも、また歴史に明らかなのであり、西欧科学が、一五四三年を契機にして——もとよりすべてが突然この年に転換したのではなく、それを準備する事態はすでに何世紀にもわたってひそかに進展していたと同時に、「種」の概念のように一九世紀半ばまで古い体制が破壊されずに続く領域も存在するのではあるが——近代への脱皮を、理論とデータという近代科学の方法論を本質的にささえる盾《たて》の両面において、達成しはじめた時期に、日本は、古い西欧科学の技術的成果を取り入れることによって、日本の近代への道を歩みはじめたのであった。それでは、西欧科学の成果を受け入れる前の日本在来の科学（厳密には、科学的活動）は、どんな状態であったろうか。まず建国当初までさかのぼってみよう。

最初の外来文化

日本は、外来文化を吸収することにかけては、非常にすぐれた力をもっている、としばしば言われる。実際、日本の文化的状況は、日本の建国時代以来、一貫して、外来文化の摂取を基礎として成り立っているということは、否定できない事実である。日本上古の生活上の技術水準が、どのくらいのものであったか、必ずしも明らかではないが、もともとの先住民族であるアイヌ系の石器文明に代わって、歴史時代（神話時代以後）をになう大和《やまと》民族が各地を支配するころになると、石器文明から（世界歴史の一般的なパターンである青銅器文明を飛び越えて）一気に銅鉄併用時代にはいる。この一足飛びの主因は、やはり、大陸の進んだ文化との接触に求めなければならないであろう。記紀によれば、天照大神《あまてらすおおみかみ》のころから、すでに絹織物や麻製品を着、水田や陸田耕作に従事し、曲玉《まがたま》、武具、鏡などの工芸技術をもち、穴居式の住宅とともに、地上に茅葺《かやぶ》きの家を造るような生活をしていたらしいが、五世紀以降、日本における稲作技術は、灌漑《かんがい》用の貯水池の整備などの点で、著しい発達をみせるし、また紡織技術も種々の方法が取り入れられ、大きく発展する。しかし、実際には、これら新技術の大部分は、日本人の手によって開発されたものではなく、当時の朝鮮半島との交通（そのなかには、任那《みまな》の日本府のように、日本側による半島経営を目ざしていたものもある）を通じて流入された、漢民や半島人たち、つまりいわゆる帰化人たちが、祖国からもたらしたものであった。これは、統一国家形成にあたって、海外のすぐれた科学技術を導入し、それによって、統一を有利に運ぼうとする意図のもとに行なわれた、と見ることができ、事実、当時の豪族、実力者たちは、競って帰化人を召しかかえた（『日本書紀』・『古事記』などでは、帰化人およびそれによってもたらされた技術修得者を示すことばとしてとくに「てひと」という語が用いられている）。したがって、明治維新期に西欧科学の精力的な移入が企てられたのと同じ状況が、この時期にすでに現われていた、ということになる。

六世紀半ばに仏教が伝えられ、それよりやや早く伝来していた儒教思想とならんで、その後の日本の精神的風土の上に、消すことのできない大きな影響を与えるが、これらに並行して、政事《まつりごと》に欠くことのできない暦法、および易学とそれに連なる天文上の思想が、やはり大陸から移入された。たとえば、漏剋《ろうこく》（水時計）は、日本書紀によると、天智天皇が中大兄皇子《なかのおおえのおうじ》時代に、自ら製作（七世紀なかごろ）したものが、和製の最初であるという。

自然観としての易

中国の思想のなかで、自然観と多少とも関係のある易学は、現在では儒家の五経（易、書、詩、礼、春秋）の一つとして数えられているが、孔・孟・荀子《じゅんし》の時代には、易は儒学のなかに加えられていなかったらしい。儒学とはまったく別個に（おそらくは戦国末）卜筮《ぼくぜい》として始まったものが、秦時代に、儒家思想の受難を契機として浮かび上がり、やがて儒家思想の一翼をになう易学となった、と言われる（易の十翼が孔子による、という説は伝説に過ぎない）。したがって、日本においても、易学は儒学の一つとして導入されはしたが、それはどちらかといえば独立した道を歩むことになったのである。

易のなかには、自然を統一的な原理によって把握しようとする、ギリシア科学の精神とある意味で類比をなす思想の萌芽《ほうが》を認めることができる。たとえば、十翼の繫辞《けいじ》伝や文言伝、あるいは礼記《らいき》のなかの中庸などでは、〝天地の生々化育〟は「誠」によって行なわれ、「誠」に徹すればおのずから自然現象の将来を予見することができる、それこそ易の神髄である、というような記述が見られるが、このような思想は、ギリシア時代のアナクサゴラスの説いた、自然の由来する魂「ヌース」と似ていなくもない。また、孟子と同時代の斉の思想家鄒《すう》衍《えん》が木火土金水という五つの始原物質を、宇宙万物の根本とみなしたのは、アリストテレスの四元素説と類似している。この鄒衍の五行説はのちに儒学、とりわけ易に取り入れられ、陰陽五行説に発展する。事実、日本に初めてアリストテレスの自然観が紹介されたとき、日本の学者の反応は、このような儒家思想の発展・展開である朱子学を学んでいたために、それとの類比関係のなかでアリストテレス自然観を理解する、という形をとるのである。

易は科学になりえたか

このように、儒家思想をはじめとする中国諸子百家時代の思想のなかには、確かに、自然を統一的原理で把握しようとする、西欧的自然科学発生のための一つの必要条件が、萌芽的であれ存在したのである。それが西欧で行なわれたように、科学にまで発展しなかった理由は、軽々しく結論を出すには大きすぎる問題であるにはちがいないが、あえて大胆な推測を試みてみるとすれば、そこに一つの点を考えることができる。

それは、もちろん一口に中国の古代思想と言っても多くの思想体系が含まれていて、一般化して断定してしまう危険は十分あるのだが、おおまかに言って中国古代思想は、ギリシア思想と違って、重点が自然ではなく人間の側に置かれていた。自然の現象に対する興味は、主として、人間の行ない、とりわけ政治にたずさわるものの行政が正しいか正しくないかを判断するための目安を基本として成り立っていた。この傾向はとくに易経に著しいが、その他の諸学にあっても大なり小なり見られるものである。地水火風に現われる変化は、君主の政治の善悪に一致し、対応するのである。この場合人は、自然の現象についての「なぜ？」を問うよりも、自然におうかがいを立て、自然現象が人間に関与するのを、そのまま受け入れるようになる。儒家思想は科学発達のための必要条件として言い立てられる実証主義・経験主義を備えているが、それは、こうした人間の現象に限られているのである。これがいわゆる天人相与の関係と呼ばれるものである。もちろん西欧思想のなかでも、占星術は、この部類に属する考え方にはちがいないが、西欧科学のなかで占星術の占める位置は、そう大きくはない。こう考えてみると、自然を体系的に理解しよう、という姿勢において、中国古代思想は、ギリシア思想に共通するものをある程度もっていたとしても、それが、後者のphilosophyやscience（scientia）とはまったく違っている、ということに読者は気づかれると思う。

このような事情は、それらが日本に移入された場合にも変わらなかった。建国の当初から、「科学的活動」の大部分を半島からの技術者にたよっていた日本は、統一的自然観の面でも、けっきょく外来思想である儒家を中心とする中国古代思想を取り入れることになったが、それらの中国古代思想が今述べた特徴を備えているとすれば、けっきょくのところ、日本において、「科学」が生まれる可能性はなかったのであり、自らの手で育てることができたのは、「科学的活動」としての技術の面に限られてしまうことになったのである。

輸入技術の発展

さて、平城京時代にはいるや、技術、とりわけ建築技術は大きな進歩を見せた。白鳳・天平期の仏寺（法隆寺・興福寺・東大寺）なかんずく銅を三五〇トン以上使用し、三年間にわたって八工程に分けて鋳造建立、さらに金の水銀アマルガムによるメッキを施した大仏こそ、その大仏殿（現在の大仏殿ははるかのち江戸元禄期のもので、全体としては天平のもの〈それは建立後一〇〇年で壊れ、再建したものも火災にあった〉より規模が小さくなっている）、七重の塔も含めて、当時の技術の粋を集めたものであった。これらの大事業にも、多くの帰化人たちの知識と技法とが動員されたことはもちろんである。

正倉院は、この東大寺の宝物殿として、八世紀半ばに建てられたが、いわゆる御物として納められている工芸品は、よく知られているように、遠く唐・インド・ペルシアなどからの輸入品を多く含んでいる。しかし同時に、それらの地域の種々の技法（金彫《きんちょう》、螺鈿《らでん》、﨟纈《ろうけつ》・夾纈《きょうけつ》などの染織、象嵌《ぞうがん》、大理石石彫など）をわがものにした邦人技術者の作になるものも多く、そういった技術が、帰化人の指導の努力とあいまって、ようやく日本人のあいだに定着しはじめたことを物語っている。

製紙の技術も七世紀初めに大陸から伝来し、その後間もなく和紙独特の製法が確立して、現代までほとんど変わらずに受け継がれ、一方、それに伴って銅版印刷も開発されたらしい。紙の最大の需要は、写経にあったわけだが、やはり八世紀半ばに、印刷としては、世界でもきわめて古いものに属する「無垢浄光陀羅尼経《むくじょうこうだらにきょう》」が完成をみた。この版は、銅板とも推定されるが、現存する印刷物としては世界最古である。

科学的活動はむしろ衰退

このように天平時代は、漢・唐・朝鮮などからのみならず、中国大陸の覇者《はしゃ》となって遠くヨーロッパまで辺境を拡大していた唐を媒介として、東ローマ帝国、イスラムなどの工芸技術にさえ接することのできた日本が、それらを基礎にみごとな美術・工芸・建築などの文化の花を開かせたと言ってよい。しかし当時の仏教偏重、美術工芸偏重の気運は、科学的な精神の発現を阻害したことも否めない。科学的な発想に比較的近いものをもっていた陰陽道、易学も、それ自身にはじめから内在している本質的傾向のためであるにはちがいないが、ますます算木卜占の技術に堕し、また仏教でも、その自然観は、ほとんどかえりみられないまま、しだいに呪術《じゅじゅつ》化し、宗教的加持《かじ》祈禱《とう》がその本質であるかのようになってしまった。

このような傾向は、政治に最もたいせつな暦の編纂《へんさん》にも現われている。もともと暦法は、ある程度以上の天文学上の知識を必要とし、その整備状態によって、その時代、文化圏の科学的活動のおおよその水準が、計られるものと考えてよい。日本古来の独自の暦法が、はたしてどの程度まで開発されていたか、という点については、まだわかっていないことのほうが多い。もっとも、天照大神という太陽信仰に発している朝廷が、当時の政治的支配権を獲得していたことは、少なくともなんらかの暦法編纂技術の存在と、その権利の朝廷への集中とを暗示している、と考えることもできよう。しかし、漢暦が導入されると、たちまちそれが風靡《ふうび》したことから考えても、当時の日本の暦法が、漢暦ほどの水準にも達していなかったことは確かであろう。

漢暦の伝来は、細かいものはそれ以前にもいくつかあったようだが、主として七世紀以来しきりになり、大化の改新に年号が初めて中国式に採用されるころになると、中国大陸で編暦が行なわれるたびごとに、その新暦がわずか数十年の後には日本に伝わり、わが国の暦も改編される、というような有様になった。九世紀半ばに採用された宣明暦《せんみょうれき》（中国における編年は八二二年）は、比較的すぐれた暦であったが、それに対する盲目的信頼が独自の暦法開発の努力をまったく失わせ、毎年の造暦をつかさどる陰陽寮は、主として「災祥吉凶」に関する秘密相伝・世襲の迷信を行なう場と化してしまった。この八六二年採用の宣明暦は、実に江戸時代のはじめまで、一度の改暦も被らずに用いられ、民間暦学者からの上奏によって初めて改暦に踏みきる（一六八五年）という有様だった。

技術の定着と職人層の形成

このように、知識階級における科学的活動は、一〇世紀ごろになるとすっかり停滞し、貧弱なものになってしまった。これに反して、当初帰化人たちの努力によって一般のなかに定着したさまざまな技術、たとえば工匠、刀鍛冶《かじ》、農器具、染色、細工、織物などは、ゆっくりではあるが、着実な進歩に向かっていた。とくに、一二世紀にはいり、鎌倉幕府が成立すると、交通の整備とともに、近畿を中心としていた文化的集中状態が破れ、そういういろいろな技術にたずさわる職人の数は、全国に目に見えてふえはじめた。

一二三〇年代に書かれた『正法眼蔵随聞記《しょうぼうげんぞうずいもんき》』という書物には、ようやく「田・商・士・工」という社会階層についての言及が見られるようになり、職業としての「工」が、農や士から分離独立するに至ったことを物語っている。一方、それに伴って、技術職人層は、全国各地に平均的に拡散され、職人層のなかでも分業が進んだために、同業者同士の閉鎖的組織である「座」が結成されるようになったのも、このころのことである。これは、律令体制のなかで、技術者が直接国家権力に隷属する、という方式がくずれ、棟梁《とうりょう》などの親方と、その弟子という形で結ばれた新しい私的な技術者同士の関係へと移行していく過程とみなすことができよう。

こうした社会的進展が、次の時代、安土桃山時代にはいって、西欧科学技術に触れた際、とくに鉄砲などを目ざましい速さで受け入れ、自分のものにし、多量の需要に応ずるだけの生産態勢を整える素地を作り出していたことは否定できない。けれども、このような発展を通じて、技術的内容そのものに、革命的な変化が起こったのではなかったという点も、指摘しておかねばならない。

第三章　キリシタン期の西欧科学技術との接触

一　鉄砲の伝来

よく知られているように、日本が西欧科学技術の成果に、直接接触した最初の事件は、中国の海賊船乗組みのポルトガル船員が種子島に入来し、小銃が彼らによってもたらされたことであった。一五四九年に、フランシスコ・ザヴィエルがイエズス会の宣教活動の一端としてポルトガル船によって鹿児島に到着するに先立つこと六年、一五四三年の夏であった。

世界最初の火薬兵器

そもそも一般に火薬を使った武器が、世界歴史のなかでどの時代までさかのぼることができるか、という論点は、なかなかむずかしい問題である。しかし火薬という概念を、硝石を主剤にしたもの、というように限定したとすれば、その発明の時期として、中国大陸における宋王朝初期（九七〇年代）というあたりが浮かび上がってくる。それより前、中国大陸ではすでに唐代から、硝石が、おもに仙術《せんじゅつ》のなかの飛行軽身の秘薬として用いられていたし、また硝石を使った火薬がやはり唐代にあったという説もあるが、いずれにしても宋代にはいると、硝石と木炭（少量の硫黄《いおう》を加えて）とを練り合わせたものが、武器のために使用されるようになったことは確実らしい。

けれども、この当時の火薬兵器は、火薬の爆発による動力を利用して砲弾を発射するものではなく、矢の先に火薬を塗りつけて矢で射ることによって焼夷効果をねらったり、地雷のように用いたり、鉄片を埋め込んだ火薬塊を空中で爆発させたりするような種類のものであったらしい。一三世紀にはいって一二三二年、蒙古《もうこ》軍と金軍との戦いの際、金軍の側にやりの先にじょうぶな紙製の筒をつけ、その筒のなかに火薬を詰め込んで火をつける、という一種の火炎放射器が出現している。また投石器のようなもので、空中で破裂する一種の爆弾を発射することも行なわれたようである。この火炎放射器と爆弾は金側の発明だったらしいが、蒙古軍は、日本に来冦《らいこう》した一二七四年（文永の役）には、早速この爆弾（鉄砲と呼ばれたが、当時は「鉄法」とも、また「鉄放」とも書かれた。のち、小銃が伝来した際に、この語がそのまま使用されることになった）を取り入れて、大いに日本軍を悩ませている。爆発と同時に空中で飛散する小鉄片による殺傷はもちろん、発する黒煙は退却時の煙幕となって日本軍の追撃をはばみ、また天地をゆるがす爆発音は、それに初めて接する日本軍の人と馬とを大いに驚かせた。

西欧にわたった火薬兵器

さて、西欧がこういう火薬兵器を使用するようになったのはいつごろのことだろうか。その時期については、諸家のみるところ、ほぼ一三世紀末から一四世紀初頭ということに一致しているのである。けれども、火薬兵器に至る過程がどのようにして起こったか、という問題になると、西欧人の手で独自に開発された、とする説と、中国大陸の当時の覇者元《げん》の対外膨張政策によって北(ロシア)または南(イスラム文化圏を経て)のルートから、中国の火薬兵器が伝来し、それが基礎となって洗練されていった、とする二様の説が対立している。

当然のことながら、第一の説は主として西欧研究史家の説であり、たとえば『ローマ帝国衰亡史』で名高いギボンも、火薬兵器は本来西欧の産物であって、元のそれは西欧産のものであると主張している。この説のなかで重要な役割を果たすのは、一三世紀の有名な学者ロジャー・ベーコンである。彼の一二四八年ごろに書かれた種々の科学技術に関する書簡集のうち、錬金術のための「哲学者の石」(錬金術のなかで最もたいせつな薬、それを卑金属と混ぜ、規定の方法で処理すると卑金属は金に変わる、と言われた。パナケー、エリクシルなど種々の別名がある)に関する項と、それに続く項は、凝った暗号で書かれている。解読者(H. W. Hime)はこの暗号が黒色火薬の配合法を知ったベーコンのメモまたは書簡であると主張する。しかし、この書簡は偽書の疑いが濃いし、またベーコンが黒色火薬の配合法を知っていたとしても（そのこと自体はありえないことではない）、難解な暗号で書かれたことから考えて、それが当時の西欧世界に広く受け入れられていったと考えることには無理がある。

そこで有馬成甫《ありませいほ》氏らは、一四世紀初頭に確実に西欧に見られる火薬兵器は、元の軍隊との直接戦闘および十字軍によるイスラム軍との接触などを通じてもたらされた元のもの（それらはすでに述べたようにもともと漢民族に由来していた）にヒントを得た、という伝来説をとられる。有馬氏はとくに、前述の紙筒による火炎放射器がイスラム圏を経るうちに改良され、一種の手砲（マドファ）――そこでは火薬はもはや焼夷効果のためではなく弾丸の発射薬として用いられる――となり、これが西欧の近代的銃砲の原型になった、と考えておられる。この筋道をたどると、中国大陸の明代初頭に存在した口径約二〇ミリの銃も、けっきょくは例の火炎放射器の発展型と考えるべきことになろう。

小銃の完成

しかし、一方、一四世紀以来急速に発達した西欧の銃砲類が、この明の銃砲類に比して格段にすぐれていたことは疑いない。というのは、天龍寺船によって活発な日明貿易を推進していた足利幕府の時代、当然、明の銃砲は日本人の目に触れたであろうが、日本人はこれにほとんど興味を示さず、これに反して西欧伝来の種子島銃はたちまち消化し、逆に明へその技術を伝えた、という事実からも知られよう。

とにかく十字軍および種々の内戦によって優秀な武器の開発を急務としていた西欧諸国は、一五世紀中には、騎馬の上で自由にあやつることのできる小銃を完成していたと言ってよい。この種の小銃は、すでに引き金、バネなどを装備し、引き金を引けば火縄が火ざらの上の火薬にすばやく落ちて弾丸が発射されるという機構であった。これらの銃器は、型に多少の違いがあって、ムスケット、またアルケビュスと呼ばれた。のちに種子島にもたらされた小銃は、この型のもので、ポルトガル語にならって「阿瑠賀放至」などの当て字が使われている（日本初伝の小銃がムスケットかアルケビュスかという問題もあるが、わずらわしいので省略する。詳しくは、洞富雄『種子島銃』発行・淡路書房新社、発売・雄山閣、昭和三三年、五二ページ以下）。

種子島への漂着

さて、前にも述べたように、蒙古軍によって火薬兵器の恐ろしさを知らされた日本人は、しかしその後、明の銃砲類に接しながら、精度の悪さ、および火薬の配合法に関する無知、などの理由からであろうか、火薬兵器にそれほど大きな関心を示さなかった模様である（明初の銃は、青銅の筒があるだけで、引き金その他の新しい装置はいっさい装着していない）。

ところが、一五四三年（異説によれば四二年）、暴風のために琉球に漂着し、その後種子島に入港した明の海賊船に寧波《ニンポー》に行くつもりで乗っていた三人のポルトガル人（Zeimoto, Pinto または Pexoto, Da mota という名前であったらしい）の持ち物であった小銃は、たちまち日本人の目をひいた。彼らは、難破した船が修復されるまで、日本渡来初の西欧からの珍客として、ある金持ちの家に客となっていたが、無聊《ぶりょう》を慰めるために鴨《かも》打ちに出かけた。このとき使った小銃の噂《うわさ》が領主の種子島時堯《ときたか》の耳にはいった。時堯の前で Zeimoto が実演してみせると、時堯は即座にその小銃が、軍事的に決定的な力を備えていることを見てとった。伝来の年から六〇年ばかりたってから、僧文之《ぶんし》が時の領主種子島久時《ひさとき》（時堯の嗣子）のために伝来の詳細を筆記した『鉄炮記』を次に引用しておこう。なお、この記録の内容については、正確を欠く点がいくつか指摘されていることは、付け加えておかねばならない。

「（小銃は）長きこと二三尺、その体たるや、中通じ、外直にして、重きをもつて質となす。中は常に通ずといへども、その底は密塞《みつそく》を要とす。その傍《かたわら》に一穴あり、火を通ずるための路《みち》なり。形象物の比倫すべきなし。その用ふるや、妙薬をその中に入れ、添ふるに小団鉛をもつてす。まづ一小白を岸に置き、みづから一物を手に、身を修め、目を眇《すがめ》にし、その一穴より火を放つ、すなはちたちどころに当らざるなし。その発するや、掣電《せいでん》の光のごとく、その鳴るや、驚雷の轟《とどろ》くがごとく、聞くもの耳を掩《おお》はざるといふことなし。……中略……この物（小銃＝引用者）ひとたび発すれば、銀山摧《くだ》くべく、鉄壁穿《うが》つべし。

姦宄《かんき》（内外の悪者＝引用者）仇《あだ》を人の国になすもの、これに触るるときは、すなはちたちどころにその魄を失ふ。……中略……時堯これを見て希世の珍となす。……中略……時堯二人の蛮種（ポルトガル人＝引用者）に言つて曰《いは》く、我これを能くせんといふにはあらず、願《ねが》わくは学ばんと。蛮種答へて曰く、君もしこれを学ばんと欲せば、我またその蘊奥《うんおう》（コツ＝引用者）をつくしてもつてこれを告げんと。……中略……時堯その価の高くして及び難《がた》きことを言はず、蛮種の二鉄炮を需《もと》めて、もつて家珍となす。」（書きおろしの際に漢字などを多少読みやすくしてある）

早かった技術の会得

こうして武器としての鉄砲のすぐれた性能を、自らの体験によって知った種子島時堯は、ただちに火薬の調合法を、家中の篠川小四郎に学ばせた。この火薬については、すでに蒙古の来冠時にある程度日本にもその調合法が知られていた形跡があるが、しかし種子島家中がそれを熟知していなかったとも考えられるし、また蒙古流の爆発薬ではなく、弾丸の発射薬としての火薬は、かなり強い爆発力を必要とするところから、配合法がまったく新しいものであり、どうしてもそれを学ぶ必要があったとも考えられる。いずれにしてもこうして種子島家では、発射薬としての火薬の製法をわがものにし、圧延鉄板を巻き一方をふさいで銃身を作る方法を修得し、翌々年には数十挺の鉄砲を完成している。

娘を犠牲に

ここに一つの哀話がある。領主の時尭は、領内の優秀な刀鍛冶八板金兵衛に、銃身の製法技術を聞き出すよう厳命した。ところが、ねだればすぐに二挺の小銃を割譲した彼らも、製法のほうは、言を左右にして、いっこうに教えようとはしない。船の修復は着々と進んで、種子島出帆の日は日一日と近くなる。意を決した金兵衛は、一七歳になる自分の美しい娘若《わか》狭《さ》に因果を含めて、船長のもとに行かせ、一夜の契りを結ばせる。船長が製法を知っていたのか、船長にポルトガル人へのとりなしを頼んだのか、そこのところはよくわからないが、とにかく、この若狭の人身御供《ひとみごくう》は功を奏し、金兵衛はようやく、圧延鉄板を巻く、という銃身製造法を修得することができた。そのかわり若狭は、泣く泣くその船で異国へと連れ去られた。

ところが、いざ鉄板を巻いてみると、今度はどうしてもその筒の銃床側の端をふさぐ方法がわからない。かくて若狭の犠牲もむなしく、その年は一挺の鉄砲もできぬまま暮れた。翌年、同じ船が前年の厚遇を期待してか再び種子島を訪れた。金兵衛は、たまたま乗り合わせていた異国の（どこの国かはっきりしない）鉄工から、閉管を作る方法を教えてもらいようやく宿願を達した。若狭は大事にされていたとみえ、この再訪のときいっしょになつかしい故郷の土を踏み、父親にも再会することができたという。こうしてそれから一年余りの間に種子島家は数十挺の鉄砲を造ることに成功したのである。

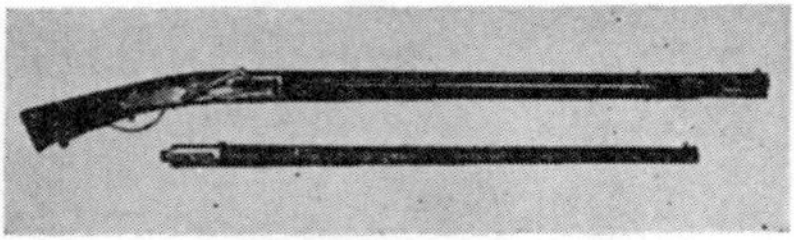

図１　和製種子島銃

種子島家の不思議な寛大さ

これほどの苦心を経て種子島家では、西欧式の小銃の製法を会得し、家臣はその扱い方にも熟達して百発百中の腕前を誇るほどになったが、不思議なことに、鉄砲の製造、火薬の調合法などについて、種子島家では、とくに秘匿《ひとく》しようとする意図を見せなかったようである。これは、すでに戦国の世にはいっていた当時としては、いささか理解に苦しむ寛大さであると言えよう。

たとえばさきの『鉄炮記』によれば和泉《いずみ》堺出身の橘屋又三郎という人物は、たまたま、当時商用で種子島に来島していたが、鉄砲に興味をもち、これを完全に習熟して帰った。彼はそののちだれも本名を呼ばず、

「鉄砲又」とあだ名されるほど、鉄砲のエキスパートになり、彼を通じて、近邦のみならず、遠く関東にまで鉄砲の知識は広められた。さらに、例の『鉄炮記』には「さきの蛮種の二鉄炮、我が時堯これを求め、これを学ぶ、一度発して扶桑《ふそう》六十州を聳動《しょうどう》す、かつまた鉄匠をしてこれを製するの道を知りて、五畿七道に偏《あま》ねからしむ」（傍点＝引用者）という表現もある。『鉄炮記』は時堯を日本における鉄砲の父として、つまり日本に鉄砲の「種子」を

播《ま》いた功労者として、「種子島」に因《ちな》んで賞賛することを目的として書かれたものであるから、こういった表現は多少割り引いて考えなければならないではあろうが、少なくとも種子島の家中には、是が非でも鉄砲技術に関する秘密を守ろうとする、重要な技術の保持者にありがちな、偏狭な雰囲気《ふんいき》は存在していなかったことは確からしい。それは、のちに時堯が鉄砲技術を将軍義輝《よしてる》に上奏したとき、「ポルトガル人から直伝の火薬の調合法は、無類にすぐれたものであるから、けっして他へ洩《も》らしてはいけない」という旨の注意書きが、時堯のもとにわざわざ送られていることからも察せられるし、また、時堯がポルトガル人に請うて得た秘蔵の二挺のうちの一挺をはるかに聞き伝えて来島した紀州根来寺《ねごろじ》の杉坊の懇望をあっさりいれて与え、あまつさえ、火薬の調合法や射術を懇切に伝授した、ということからも想像できる。もっとも、時堯が杉坊に愛蔵の一銃を譲った、という『鉄炮記』の記録は、時堯を偉く見せようとする作為からくる粉飾《ふんしょく》ではないか、と疑われる点もないではない。

けれども、事実として、そののち比較的短時日の間に、種子島銃が全国的に目を見張るほどの伝播《でんぱ》状態に達することから考えても、種子島時堯以下の種子島家中が、鉄砲に関する知識を独占しようと、徹底した秘密主義をとったとは、どうしても考えられない。この点は、時堯の性格によるのか、鉄砲技術を広く伝えるべきであるという使命感があったためか(『鉄炮記』の描写は、その点を強調したいように思われる)、また種子島という位置が、中央に近い戦国大名のように過酷な環境に置かれていなかったためか、今となっては推定するしかない。いずれにしても、この杉坊を通じて紀州の根来寺に伝えられた鉄砲に学んだ堺の芝辻《しばつじ》清右衛門は、鉄砲又の橘屋又三郎とともに、堺における鉄砲造りの元祖となった。かくて、商業路の中心堺に、鉄砲製造の根拠ができたことは、鉄砲の全国的波及に大きな力となったのである。

種子島銃を契機に

一方、一五四三年に種子島に来航したポルトガル人は、帰国したのち日本のことを本国に伝え、そのために、ポルトガルの船が重要な商品と判明した鉄砲を積載して、しきりに来日(主として九州地方)するようになった。このようなポルトガルの積極的な態度には、二つの異なった歴史的背景があることを想起しておくのもむだではあるまい。その一つは言うまでもなく宗教改革直後のカトリック側の巻き返し政策、いわゆる反宗教改革運動の一端であるイエズス会を中心とした強力な布教活動であった。ザヴィエル以来続々と来日する宣教師の行動が、はっきりそれを物語っている。まったくの未布教国である東洋諸国を「教化」するという目的は、宣教師たちの熱烈な使命感にささえられていた。もう一つは、ポルトガルの東洋植民を目的とした膨張政策である。一五世紀末コロンブスのアメリカ発見に次ぐヴァスコ・ダ・ガマのインド航路の発見は、スペインのアメリカ大陸進出とポルトガルの東洋進出とを促した。ポルトガルは、優勢な火器にものを言わせて、インドに独占的植民の橋頭堡《きょうとうほ》を造り、ゴア、マラッカを征圧しインドを基地としてかなり強引な手段によって中国へと触手を伸ばした。当時莫大な利益となった香料の購入（場合によっては略奪）が目的であった。日本へは、その伸ばした触手が偶然に接触した形となったのである。

こうして九州の諸大名は、初伝から一〇年も経ずして多くの鉄砲と弾薬を買い入れた（この点については、外山卯三郎氏に異説がある。外山卯三郎『南蛮学考』）。一五四九年フランシスコ・ザヴィエルがキリスト教を伝えるために来日したのも、こういった機会の一つに便乗したものであり、そののち九州に多くのキリシタン大名を出したのも、もとはと言えば、有利な条件で武器弾薬を買い入れるために、キリスト教入信でポルトガル人の歓心を買おうとした節がなくもない。

鉄砲の伝播

このように初伝以来二〇年足らずの間に、九州諸藩は、精力的に鉄砲と弾薬を輸入すると同時に、技術開発と火薬の原料たる硝石の輸入にも努めた。硝石の取引国は主として中国大陸であったようであるが、またいわゆる南蛮船も、多量の硝石を日本にもたらした。

九州諸藩は、輸入品、自製品の鉄砲を幾度か、すでに全国統一の実権を失っていたとはいえ、とにかく幕府の将軍であった義輝のもとに献上している。また将軍は、刀工、刀鍛冶の中心地の一つ近江《おうみ》の国友村の優秀な鍛冶たちに、献上鉄砲を与え、幕府のために鉄砲の製造を命じた。やがて一五四九年ごろ（この年には疑義がある。一説には一五七〇年ごろ、とある）織田信長が国友鍛冶の技術に目をつけ、大量に発注したことから量産が始まり、いわゆる「国友鉄砲」は、希代の名声を得るようになった。とりわけ信長に継いで全国の覇者となった秀吉は、国友村を直轄料地として、専属武器工場のように扱ったと言われる。国友村のこの権力者隷属の立場は徳川幕府成立後も変わらなかった。

鉄砲伝播の背景

ここで考えておかねばならないことは、鉄砲作製の技術が、例外なく刀工、刀鍛冶の手で開発されていることで、すでに八板金兵衛の例が物語るように、わずかなコツをヒントとして与えられれば、正確に原品を模するだけの錬鉄（鉄の原料は、初期にはある程度、いわゆるシャム鉄などの輸入にたよっていたが、日ならずして山陰の砂鉄を中心に、国産で十分良質の鉄材を得ることができるようになった）、加工の技術を当時の日本の刀工、刀鍛冶たちが身につけていたことがわかる。やがてこれらの銃は、中国大陸沿岸を荒らし回った日本の海賊和寇の手にもわたり、明の人びとは、日本製の小銃を、飛鳥をも落とす「鳥銃」と呼んで恐れたが、それを模することに大きな苦心を払った明の技術水準に比較すれば、当時の日本の刀剣技術水準の優秀さが読みとれよう。

さらに、日本における鉄砲の急速な普及に幸いしたのは、当時の日本が戦国の世であり、単に各大名が競って威力のある武器の開発を志していたばかりではなく、各地に群雄が割拠し、戦乱の軍馬が各地方を往来し、また、その間を縫って、ようやくはっきりした形をとりはじめていた商人階級の手になる商業路網が、活発な活動の緒についていたことであった。もし強大な権力を一手に握った徳川幕藩体制の確立後に、西欧の鉄砲が伝わったとしたら、幕府の手で秘密に開発される努力は尽くされたではあろうが、けっして全国各地にあれほど激しい勢いで普及はしなかったはずだし、そうとすれば築城法その他多くの点で日本の古来の立場に、ここまでの大きな変革の影響も与えなかったであろうと想像される。

戦法は一変した

とにかく、鉄砲は初伝以来わずか五年もすれば、全国の強力な大名の手に渡り、少なくとも一五四九年には、はやくも銃戦の記録が見えはじめている。ことに織田信長が鉄砲の利用にすぐれていたことはよく知られている。一五六〇年の桶狭間《おけはざま》の戦いですでに、織田・今川両軍とも鉄砲隊を組織しているが、鉄砲隊の使い方は、信長勢のほうが格段にまさっていたようであり、そういった幾多の経験から、弾丸をこめ代え、次弾を斉射できるまでの時間を見計らい、一陣、二陣（場合によっては三陣まで）交替で斉射と装弾をくり返す、というよく知られた戦法や、弾丸の射程内に馬止めの障害柵《さく》を巡らし、騎兵を殲滅《せんめつ》する戦法などを会得した織田の軍勢は、高名な長篠《ながしの》の戦い（一五七五年）において、武田勝頼の軍を壊滅させ、鉄砲隊の戦争における効果に決定的な評価を与えたのであった。

このため、旧来の騎兵を中心にしたやりと刀での戦闘は意味を失い、とりわけ名乗りをあげて豪の者同士が争う一騎打ちは影をひそめ、これに代わって、足軽《あしがる》など身分の軽い者で組織された歩兵団をいかに巧妙に使うか、という点が、戦術の要諦《ようてい》として浮かび上がってきた。これは、一介の足軽でも鉄砲を使って相手の大将さえ殺すことができ、それゆえ論功にもあずかれる可能性のあることであり、下克上の風潮に拍車をかけることになった点も見のがせない。

大砲も実用化

それと同時に、城の造り方、攻め方などにも大きな変化が起こった。旧来の、険しい山を利用し、天然の要害にたてこもる、といったスタイルの築城法は時代遅れになり、平地または丘陵に石垣・堀《ほり》、銃眼などを備えた銃戦に即応した城が出現しはじめた。近江の安土城(信長)は、そのころの典型と言うことができるし、のちの江戸城(現皇居)などは、まったくの平地に築かれている。こういった石垣を主体とする堅固な城壁を備えた城に対する攻城法として新しく登場したのが、これも西欧伝来の大砲であった。

大砲と小銃とは、おそらく同じ起源をもっているものと推定され、西欧でもまた中国大陸でも、すでに小銃の際に述べたのとほぼ同じ経過で、一五世紀には、実用化が進んでいた。

日本では、これまた小銃の場合と同じように、旧来の慣習とはまったく異なり、中国大陸経過の伝来ではなく、ポルトガル船を通じて導入されたもののようである。明では、一六世紀初頭ポルトガル船装備の大砲が自国開発の火器に格段にすぐれていることを知り、西欧砲の模造にとりかかっていたが、それが日本に伝来する前に、ポルトガル船に接するようになった九州諸大名、とりわけ大友宗麟《そうりん》が、大砲の購入に異常なほどの熱意を示し、一五七〇年代には入手したらしい。また秀吉の朝鮮遠征（一五九二年）の際、朝鮮軍の使用した明伝来の大砲（ポルトガル製、明模造など）何門かが鹵獲《ろかく》され、日本に持ち帰られている（これらのうちには、現存しているものがある。東京では、靖国神社に一門残っている）。これらの大砲は、明に伝来の際、「ヨーロッパ」を表わすアラビア系の語（たとえばペルシア語のFarangi）を写して仏郎機《フランキ》と呼ばれ、日本でもそう呼ばれたが、また砲のある型式を示す語「ファルコン」を模して、破《ハ》羅《ラ》漢《カン》という名もあり、また「国崩《くにくず》し」と別名された。

図２　家康の命により堺の銃砲鍛冶芝辻理右衛門の鋳造した大砲（靖国神社蔵・著者撮影）

　しかし大砲は、火薬消費量、運搬などの点で小銃に比べて不利な面が多く、信長などわずかな進取的人物の手で利用されたにとどまり、秀吉でさえ朝鮮遠征の際、大砲を無視したために、朝鮮軍の大砲に大いに悩まされた。この苦い経験と、すでに述べたような城構造の変化によって、秀吉を継いで覇者になった家康は、熱心に大砲開発に努めたという。

このようにして、日本への西欧の最初の衝撃は、火薬兵器というきわめて技術的な色彩の強いものによって与えられ、それは自然な形で従来の日本の技術的基盤のなかに受け止められた。当時鉄砲、大砲を受け入れた人びとの態度には、優秀な銃器を生んだ西欧文明に対する驚嘆も畏敬《いけい》も警戒も見られず、ただ淡々と、すぐれたものを取り入れ利用しようとする進取の傾向だけが鮮《あざ》やかであったように思われる。

火薬兵器の影響

しかし、鉄砲をはじめとする火薬兵器の伝来の影響は、単に戦略上、技術上の問題にとどまらなかった。戦国時代における信長・秀吉の覇業と戦乱の平定には、鉄砲の有効な利用という要素が決定的に働いていたが、それと同時に、堺をはじめとする、鉄砲・火薬製造のための物資の輸入港や、鉄砲鍛冶として比類ない国友村などの製造地を自らの直轄に収め、その経済的基盤を独占的にわがものにしたこともまた、大いに力があった。さらに間接的には、鉄砲隊の組織という戦略上の変化に伴って、単に一国一城の主《あるじ》というだけではもはや戦略的に有効な鉄砲隊の人数を集めることができなくなり、自然に大名の淘汰《とうた》併合が進み、城下町へ兵隊の集中が起こり、また多人数の兵隊の組織を円滑に動かすための兵制の整備も必要になった。これらの事がらはすべて、次代に続く堅固な封建社会、徳川幕藩体制を準備する重要な条件であり、鉄砲伝来が、封建的統一国家形成への最大の引き金になった、と言われる（洞富雄、前掲書、二〇〇ページ以下）所以《ゆえん》でもある。

二　西欧科学体系の最初の伝来

鉄砲が、西欧科学――それはまだ近代の洗礼を受けていない――の技術的側面に日本がぶつかった最初の例であるとするなら、つぎに述べる宇宙論は、日本が初めて接した、近代科学以前の、ということはほぼギリシア科学伝承のままの、西欧科学の理論的側面であったと言える。

イエズス会

すでに簡単に触れたように、当時のポルトガル・スペインの対日態度の積極性には、カトリック布教活動と植民活動という二つの相補的な歴史的背景があった。日本の受け入れ態勢のせいもあったのではあろうが、これら二国の態度が、他のアジア諸地域に見られたような強圧的植民活動よりはむしろ、カトリック布教活動に傾いていたことは、確かに日本にとって幸いなことであったと思われる。カトリック布教活動の中核であったイエズス会（一五四〇年イグナティウス・ロヨラ、フランシスコ・ザヴィエルほか五名によって正式発足した。彼らは、一六世紀初頭スペインに滅ぼされたバスク地方のナバラ王国の出身であり、併呑《へいどん》されてスペインに属してはいたが、ポルトガルにより親しい感情をいだいていたと言われる）自身の他の地域での活動状況、とりわけ中南米植民地域でのそれを調べてみれば、日本における彼らのやり方が、ほとんど例外とも言えるほど紳士的であったことは明らかである。したがって、イエズス会は、発足当時から軍隊組織をとり、果たした役割も超保守的であり、場合によっては母国の植民政策の尖兵《せんぺい》であり、権謀術策にすぐれている、といった印象は、確かにある程度正しいとも言えるのである（英語でJesuitという語は、「陰険な詭弁家《きべんか》」という意味の普通名詞に使われることとさえある）。

けれどもこの印象は、やはり事の一面しか見ていないと言わなければならない。イエズス会が最終的に、スペイン・ポルトガルの絶対王朝に結びつき、結果においてその植民政策の実行者となった事実にもかかわらず、イエズス会士のルネッサンス的ヒューマニズムと、それに由来する進取主義とは、やはり一方における否定できない事実なのである。たとえば、ガリレオの告発と有罪判決に力を注いだのは主としてドミニコ会士とイエズス会士であったが、また同時にイエズス会士のなかには、何人かのひそかなガリレオ同調者もいたことを忘れるわけにはいかない。「唯一の真の宗教」の名のもとに行なわれたヴァスコ・ダ・ガマのあの蛮行とともに、ザヴィエル以下の献身的な布教活動を忘れることもできない。その布教活動のなかに、当時可能なかぎりに合理的な世界の体系的説明を与えることで、全自然を人間の手で掌握する、という科学的仕事が含まれていたのである。

布教の手段として

イエズス会は、もともと海外での布教活動をその最大の目的の一つとして発足した。未布教地に布教していくためには、その土地の文化を知り、それに即応した布教方針をとらねばならない。キリスト教の一つの大きな特徴は、世界創造と世界秩序との神による支配であり、キリスト教的な自然観をまったくもっていない文化圏に対しては、その文化圏固有の自然観をまず論破し、それからキリスト教的自然観を与える、という順序を踏むことが不可欠である。もっともその文化圏固有の自然観がきわめて素朴《そぼく》で無視可能であると判断された場合には、このような慎重に順序を立てた手続きは省略されることもあった。イエズス会が中南米地域でとった態度はまさにそういう種類のものであった。問答無用形式と言えようか。しかし、少なくとも日本におけるイエズス会の布教態度は、きわめて慎重であった。彼らは、まず、彼らの自然観、世界についての体系的説明を納得させる試みから着手したのであった。

自分の自然観を相手に納得させ説伏するには、当然、自分の自然観がよほど確固としてゆらぎのないまでに組み上げられたものでなければならない。イエズス会には、こういった体系的知識を徹底的に教えるための教育組織が早くから考慮されていた。こうして日本に派遣される宣教師は、そういう意味で最高度の教育を受け、科学的知識を備え、またその教育を行なうことのできる人物が望まれたのであった。

科学のわかる司祭を

つぎの文は、非常に引用される機会が多く、ここにあらためて引く必要はないかとも思われるが、やはりこの間の事情を最も鮮やかに伝えてくれる資料として貴重なものであるので、しるしておくことにする。これは一五五二年にザヴィエルがイエズス会長ロヨラにあてて書いた手紙の一節である。

「日本へ来るパアデレ（神父）は、また、日本人のする無数の質問に答えるための学識をもつことも必要なことである。パアデレは、よき哲学者（この「哲学者」ということばは、もちろん、「自然科学者」という意味をも包含している＝引用者）であることが望ましい。また、日本人との対論において、その矛盾を指摘するために弁証学者であればなおよい。また、宇宙の現象のことも知っていると、さらに具合がよい。というのは、日本人は、天体の運行や、日食、月の満ち欠けなどの理由を熱心に尋ねるからである。また、雨の水はどこから来るか、という問いへの答えをはじめ、雪や霰《あられ》、彗星《すいせい》、雷鳴などの自然現象全般にわたっての説明は、民衆の心を大いに惹《ひ》きつける。」

ザヴィエルは、さらにつぎのような意味の手紙を同じ年ローマの友人に書き送っている。
「地球の丸いことは、日本人には知られていなかったし、太陽の軌道のことも彼らは知らなかった。流星、稲妻、雨、雪などに関して質問が出た。その際われわれは、彼らのすべての質問に十分納得できる答えを与えられたので、彼らは大いに満足し、われわれを学者だと言った。そのために、われわれのことば（布教のための）も彼らに深い感銘を与えている。」

このようにして、イエズス会の日本への布教は、それが、しばしば採られる常套《じょうとう》手段であったにせよ、キリスト教の教義を頭から教化しようというのではなく、まず彼ら自身の宇宙観や自然観の体系――もちろん、キリスト教教義のなかにも、それは重要な位置を占めている――を紹介し、その優越性を誇示することを通じて、キリスト教の優越性をも自然に日本人の頭のなかに滲《し》みこませようと図ったのであった。そういう自然観の紹介に対して、日本人が旺盛《おうせい》な好奇心と、意外なほど深い理解とを示したことを、右のザヴィエルの手紙は物語っている。いろいろな自然現象に対する体系的な説明に、日本人が初めて接し、率直に驚きと好奇心をかき立てられ、しきりに「それでは、この現象はどう説明するか」と彼らに尋ねている有様がよくわかるのである。しかし、その好奇心の内容はどのようなものであったのだろうか。

それまでの宇宙観

日本人が当時もっていた自然現象に対する体系的な知識と説明理論は、ほとんど皆無であったことはすでに述べた。しかし説明理論がまったくなかったのではない。とくに宇宙論については、二つの考え方が支配していた。その一つに須弥山《しゆみせん》説というものが仏教のなかにあって、それが当時のインテリ層である僧侶《そうりよ》や貴族のあいだにも一応信じられていた。須弥山説は、インドの古代宇宙観が仏教のなかに取り入れられたものと言われているが、その説くところによれば、大地は下から円形の風輪、水輪、地輪という三つの層からできていて、風輪層は六〇四〇由旬《ゆじゆん》(一由旬は、荷車をひいた雄牛の一日の行程の意味。一〇〜三〇キロ程度と考えられている)、水輪層は三〇三〇由旬、地輪層は実に一六万八〇〇〇由旬の深さをもち、その大地は大海に連なり、大海は八万四〇〇〇由旬の深さがある。須弥山はこの大海のなかに、その最深部から直上した山で、海面上も八万四〇〇〇由旬ある。この山は、多くの聖賢大神妙天の住まいとなっていて宮殿がある。また一説には、須弥山を巡《めぐ》って、円形にそれを取り囲む八穀の海と山脈とがある、とも言う。太陽や月は、この須弥山の回りを回るために、山の陰にはいると夜がくる。この須弥山説は、仏教的自然観として、キリスト教宣教師の説く西欧的自然観との対立のために、しばしば利用され、明治時代初期にも佐田介石《かいせき》「ランプ亡国論」や「天動説」が現われるほどであった。

当時の日本人のもっていたもう一つの宇宙論的自然観は、儒家易経のなかの説明であった。これは僧侶に対立するもう一つのインテリ階級である儒学者たちの信ずるところであったことは当然である。これによれば、天は蓋笠《がいがさ》のごとき半球であって北極を中心に回転している。地は方形であって北極を中心に四方に下っている。太陽と大地との距離はつねに八万里であり、天とともに西行する、と説かれている。中国ではこの宇宙論（蓋天論）は、のちに、天を楕円《だえん》球と考える渾天《こんてん》論に発展し、その天球上に、太陽の進路である黄道や、南北極、赤道などを定めるまでになっていて、やや組織的な天文体系を形作ることに成功しているが、日本の易経は、大筋において、こういった理論体系の追求には向けず、地震、噴火、洪水、暴風、旱魃《かんばつ》、などの天変地異が、「なぜ」起こるのか、ということより、それが政治などに「どういう意味」をもつか、ということに、関心を奪われていた。

　須弥山説や儒教的自然観を除けば、日本人の自然観はその語本来の意味での汎神《はんしん》論であった。もともと皇室の祖先信仰である太陽崇拝はもとより、噴火は竜神の怒りであり、山頂にはその山を支配する神のために必ず神社を祀り、こうして山川草木、自然の現象にはすべて、個々に神々をあてはめて、それら神々のふるまいの結果が自然現象になるのだ、と考えていた（こういった思考法であれば、天変地異に対処する手段としては、当然、神に対する祈願ということ以外にはない。そのような祈願行為の現われの一つとして、小野健一氏は、たとえば神社にオコゼのようなグロテスクな魚をささげたりするのは、日照り続きのとき御神体を外に出して火をたきながら祈る行為と同じように、神を脅迫することを通じて、天変地異を止めさせようとする発想に由来している、という興味深い説を発表されている）。いずれにしても、当時の日本においてかろうじて認められる自然についての体系的な考え方が、インド思想からの借用である須弥山説か、または中国思想からの借用である蓋天論・渾天論のどちらか以外にはなかった、ということは、なんと言っても象徴的な事実であった、と言うべきであろう。

日本人の好奇心

このような状態にあった日本の当時の自然観は、けっきょく、天人相与の、一種の魔術的・呪術的な色彩を帯び、あるいは宗教的・倫理的な象徴としての自然、といったとらえ方を抜け出せず、人間と自然とを主客的に分離した上で「なぜ」に対する体系的な答えを組織しようという意欲もなかった、と言わざるを得ない。そして、ポルトガルやスペインの宣教師たちに対して、ザヴィエルも書いているように、きわめて熱心に、あるときは執拗《しつよう》なまでに、「なぜ」を尋ねてはいるが、第一にそれは、他人に対する「なぜ」の問いかけであっても、自然の現象に対する問いかけ（自らその解答を見つけようとしての）ではなく、第二には、毛色も膚色も違う珍しい南蛮人（南蛮ということばは、ルソン・マカオなどを通じて南方から渡来する夷狄《いてき》という意味で、スペイン人およびポルトガル人に対して冠されたものである）が、自分たちの問いにどのように答えるか、そのこと自体に好奇心の対象があったのであり、けっして科学的な合理精神の発露ではなかったのである。

布教活動の浸透

しかし、このような一般的な風潮のなかで宣教師たちの語る西欧的な自然解釈が、どう見ても自分たちのもっている説明方法よりすぐれていることを、理性の力で見抜き、そういう観点から知らず知らず、キリスト教へと惹かれていった人びとが、布教初期にも何人かあった。一五五六年、ザヴィエルらの日本布教の有様を視察にインドから訪れたインドの管区長ヌネスは、二人の修道士ルイス・フロイスとガスパール・ヴィレラとを伴っていた。前者が、あの『日本史』であまりにも有名なフロイスであった。このフロイスは、一五六九年には京都で当時の戦国の覇者信長に会い、信長の進取の気性と仏教ぎらいも手伝ってか、ただちに、信長の気に入られた人物である。信長との出会いがなければたとえ一時的にもせよ「キリシタン時代」と呼ばれる隆盛期を迎えることは不可能であったにちがいない。そのフロイスの『日本史』のなかに、信長に布教を許されて間もない京都において入信したアキマサなる人物の記事がある。

このアキマサは、まだ本来の日本名を認定されていないが、フロイスは彼を「当時日本で非常に高貴な公卿《くげ》であり、最大の天文学者のひとり」と呼び、ヴィレラから日月食および天体の運行に関する諸説を聞いて、ヴィレラに対し非常に尊敬の念をいだき、これがために京都で最初の入信者となった、と書いている。また、京都のキリシタン寺を訪れた法華《ほっけ》の上人《しようにん》たちが、ヴィレラやフロイスと自然現象について問答をし、月の満ち欠けについて仏教的な説明をしたのに対して、「そんなことを言っては子供でも笑いますよ」と坊さんたちをアキマサがたしなめた、とも書かれている。

ロドリゲスの日本理解

一方、日本に渡来した宣教師は、比較的短期日のうちに、これら日本の知識層の自然に対する態度とその知識の水準とをのみこみ、それに適合した説き方で、自分たちの自然観を教え、それとともに、キリスト教を広めようと試みたのであった。一五七七年に世俗人として来日し、日本でイエズス会にはいり、イエズス会の学校で教育を受け、司祭となったJ・ロドリゲス・ツヅー（ツヅーというのは通詞《つうじ》の転訛である）は、膨大な『日本教会史』を著わしたことで知られているが、その第一部第二巻第九章および第一〇章において、日本人の自然観とその祖型となったインドおよび中国の自然観が詳しく紹介されている。ロドリゲスの記事は、通詞のあだ名が本名の一部になってしまうほど日本語の達者だった彼にふさわしく、日本人のものの考え方に対して驚くほど深い理解をもって書かれている。自然を科学的な態度で見ようとするわずかな萌芽をそこに認めながら、しかも、そういう自然観と、倫理的・宗教的象徴主義とがまったく未分化のまま混同されている、という彼の指摘（もっともここに指摘されている点は、キリスト教的自然観とて完全に免れることのできるものではないことは、とくにのち進化論に対する態度などに現われるのであるが）は、きわめて広範囲の事実をカヴァーしていて、単に当時の西欧人の日本理解の程度を示す資料として貴重であるばかりでなく、少なくとも当時の日本人よりも体系的な知識を備えていたロドリゲスが、その体系を使って、日本人の自然観をこと細かに整理してある、という点で非常に貴重なものと言うことができよう。

イエズス会の教育活動

このロドリゲスの例が示すように、イエズス会は、布教効果をあげるために、布教地の文化的状況を的確に把握する努力を重ねていたが、一方それに伴って、単なるキリスト教教義だけを教えるのではないような教育活動にも着手していた。

彼らは、布教を始めると同時に、教理研究のための会を各地で開き、そのなかで、科学的な教育を与えることをも試みるようになった。このような会は、しだいにその教育内容が整備され、二〇年を経ずして、全国に二〇〇校に近い数にまでふえたという。これは、当時、さまざまな障害（戦国の世で、たとえ信長の布教許可のあとであっても、キリシタンに対する各大名や一般の態度はまちまちであったことを忘れてはならない）と戦いながら、三〇代で総白髪になってしまうような労苦を冒して、ヴィレラや、アルメイダ（商用のために来日したポルトガル人で、宣教師たちの日本での苦労に心を打たれて伝道に加わり、大分に病院を建て、日本最初の西欧式の外科手術を行なった人物）や、日本人の協力者が築き上げた各地の教会（南蛮寺、キリシタン寺）に属していた。それらの教会のなかで、最も印象深いのは、信長のあと押しで京都に一五七六年にできたものである。八月一五日の初ミサは感動的であった。フロイスはこの三階建ての教会を、「ローマにアラビア人がモスクを建てた」と比喩《ひゆ》している。これはわずか一〇年後には秀吉に破壊される運命にあった。

ヴァリニアーノの新政策

そのうえ、一五七九年になって、有名な巡察師ヴァリニアーノの来日に伴い、日本における布教方針が新しく確立されるや、そのころまでとかくイエズス会内部で疑問視されていた日本人の聖職者への登用が、正式に認められることになった。そして日本人が司祭になるための教育準備機関として、安土と有馬にセミナリオが、府内にはコレジオ、臼杵《うすき》にノビシアド（修練院）が設立されることになった。

これらの学校は、ヨーロッパでのものと同じ水準を保持しなければならない条件があったところから、ヨーロッパの学問が当然のこととして教えられることになった。セミナリオは一般教養を授けることを目的としており、コレジオは、その上の大学という概念が、最も適切にあてはまると思われるが、もともと、ザヴィエルやヴァリニアーノの夢は、倫理・風習こそちがえ、豊かな好奇心と理解力、礼儀を備えた異国日本に、ヨーロッパ文化全体を移植し、花を咲かせることにあったのだから、これらコレジオやセミナリオは、必ずしも将来聖職者を志す求道者のみに開かれていなければならないわけではなかった。けれどもいろいろな事情から、コレジオは、イエズス会神学生のみを対象にしたものしか実現しなかった。

いずれにしても、文法・修辞・弁論・幾何・算術・音楽・天文のいわゆる自由七科（artes Liberales）をはじめ、形而上学、医学、政治学、倫理学、世俗法、教会法、それに、超自然的な信仰についての教理など、ヨーロッパの大学の教科内容にかなり近いものが教えられていたらしい。

当時学校といえば、有名な足利学校のほかは、わずかに、仏教五山《ござん》の学校を数えるのみで、しかも自然学関係は、当然のことながら、まったく教授されていなかった日本に、比較的限局された人びとを対象としているとはいえ、こうして、ヨーロッパの学問を組織的に与える機関が現われたことは、戦国時代の変転する情勢と、迫りくる鎖国への傾斜のために、一六一四年にはすべて閉鎖されてしまい、短い歴史しか残すことができなかったという事実を考慮に入れてもなお、き

図3　ヴァリニアーノ

わめて画期的な事がらであった。

教えられた宇宙論の性格

これらの学校機関で教えられた事がらのうち、自然科学と最も密接な関係にあるのはなんと言っても天文学であろう。さきにも触れたように、イエズス会士たちのもたらしたヨーロッパ流の天文学は、コペルニクス以前のギリシア古典的体系であった。ギリシアの天文学はプトレマイオスの『アルマゲスト』(アルマゲストは「最大の書」を意味するアラビア語のあだ名であって、原名は『(天文学についての)数学的集大成』である)に文字通り集約されるが、これはアリストテレスの宇宙観に基づき、宇宙の中心を地球にとり、月・太陽を含めた諸惑星は、その回りを、いくつかの周転円(二次軌道)を伴った固有の天球(水晶様の殻)に乗って回転している、最後の天球はすべての恒星のための「恒星天」で、その外側にこれらの諸天球に回転を与える「第一起動天」がある、という骨組みをもっていた。

一五四三年のコペルニクスの『天球の回転について』は、ギリシア時代にもアイデアとしてあった「太陽中心説」(サモスのアリスタルコスという人が前三世紀にすでに唱えた、と言われ、プトレマイオス自身も理論的可能性としては「太陽中心説」を認めている。「地球が動く」という考え方を否定する材料としてプトレマイオスは、地球と大気とのすれ違いによって風が起こるはずであるのに、それが観察されない、ものを真上に投げ上げたとき、ものの落下位置は地球の進行方向に向かって後方にずれるはずであるのに、そのことも観察されない、などの経験的事実をあげている）を展開しているが、日本に渡来したイエズス会士たちは、コペルニクス説――出版されてごく間のない――を伝えることはなかった。このことについて、ガリレオ裁判事件などの印象から、カトリックのなかでもとくに反動的なイエズス会士が、太陽中心説を故意に伝えなかったのだ、とせっかちに結論してはいけない。

コペルニクス説と当時のイエズス会

コペルニクスの『天球の回転について』は確かに一六一六年にいわゆるカトリックの禁書目録に載るし、ガリレオの「罪科」も、コペルニクス説を広めた、ということに名目上なっていたけれども、一六世紀には、コペルニクス説は、カトリック内部ではどちらかといえばむしろ歓迎されていたのである。それは、コペルニクスの弟子に出版の手続きを依頼されたオシアンダーが『天球の回転について』に勝手に付け加えた無署名の序文にある「純粋の数学的仮説としてこの説を発表する」旨のカモフラージュがきいているとも考えられるし、修道僧であ

図4　コペルニクス

ったコペルニクスの自説を生むそもそもの動機となったのが、プトレマイオス体系の極端な複雑さを神の力に反するものと考え、神はこの世界をもっと簡単に造られたはずだ、と信じたことにあった点にも表われているように、彼が敬虔《けいけん》な信仰をいだいていたせいもあったろうし、もっと率直に言えば、コペルニクス説の数学的内容を正しく理解できる人が少なかったことも理由の一つであったかもしれない。とにかく、仮に、日本に渡来した宣教師たちがコペルニクス説を知っていたとしても——そのことはかなり可能性が薄いが——まだ評価の決まらないコペルニクス説よりも、一四〇〇年以上にわたって信じられてきたプトレマイオス体系を好んだことは当然と言わなければならない。したがって、それはけっして「宗教的偏見」のなせるわざではなかった、と考えるべきであろう。

プトレマイオス説の紹介者？　ゴメス

ところでそのプトレマイオスの体系は、どのようにして日本に紹介されたのであろうか。すでに述べたような経過を経て設立されたコレジオ、セミナリオなどではヨーロッパの学問を教えるために、教科書を早急《さっきゅう》に編纂する必要があった。そういう仕事にたずさわった教授格の人物にゴメスというスペインの神父がいた。

ゴメスはポルトガルのコインブラというところにある一般・イエズス会兼用の大学で学んだが、そこでは『アルマゲスト』の研究書であるサクロボスコの『天球論』（サクロボスコは一三世紀イギリスの天文学者であり、当時最もすぐれた天文学書として、この『天球論』があった）および、さらにその注釈のクラヴィウス（一五八二年正式採用されたグレゴリオ暦編纂の中心人物となった）の『天球論注釈』が講じられていた。ゴメス自身も学生時代を終えると、やはりコインブラの大学で逆に天文学を講じたと言われる。彼は若くして広い学識と才能とを発揮したが、一五八三年日本に渡来、日本の管区長として、日本のセミナリオ・コレジオで教科書として使うための指導要綱を編纂したのである。ときすでに信長に代わって全国覇業を成しとげた秀吉のキリシタン禁令（秀吉は一五八七年に突如禁教令を出した。その理由については、好色な秀吉がキリシタン少女に挑んではねつけられたからとも、イエズス会に軍船の調達を依頼して果たされなかったからとも、ポルトガルのイエズス会と、ようやくそのころ日本布教に乗り出したスペインのフランシスコ会との内紛による中傷からとも、いろいろ憶測されている）の発布後であり、全般的な弾圧が始まっていたので、それは、地下活動の形で行なわれたと言えよう。

ゴメスの指導要綱の邦語訳は一五九五年に完成（邦語訳といっても西欧の概念が日本古来のことばにそのままあてはまるはずもなく、しばしば、仏教や儒教での用語が訳語として使われている。これは西欧のものを邦訳するときにつねに直面する問題で、たとえば「天主」は初伝のころ「大日如来」と訳されていたほどである）しているが、翌々一五九七年には、長崎で、最初の二十六聖人殉教が行なわれた。

そのゴメスの指導要綱の一部がプトレマイオス体系の紹介としての『天球論』で占められている。もちろん当時までにたくわえられた日本の自然観に関する知識に基づいて、日本人を指導するために独特の配慮が払われてはいるが、その内容は、彼が学生時代から親しんだサクロボスコの『天球論』および、アリストテレスの自然観（もしくはその中世注釈）を模倣していたことは当然である。

地球は丸い

この『天球論』が、天動説であったことは言うまでもないが、アリストテレス説に従って世界を天上界と月下界とに分け、月下界では、火、空気、水、土の四元質、および冷熱乾湿の四性質の生成消滅によってすべての現象が現われること、天体はこれと違った物質からなる球体であって、天球の運動とともに円運動を行なうこと、またプトレマイオスに従って天球の複雑な運動を解明すること、などがしるされていた。とりわけ当時日本で行なわれていた儒教の天円地方説や仏教の須弥山説に対して、はっきりと、地球球体説をとり、また太陰暦に対して太陽暦――しかも西欧ではながらく採用されていたユリウス暦が一五八二年にグレゴリオ暦に改暦されたが、いちはやくそのグレゴリオ暦を採用して――を紹介してその長所を述べていることが注目される。キリシタンの教会暦は（すでに中国王朝の明に伝来していたものも含めて）、太陽暦で書かれているが、グレゴリオ暦の紹介は、このゴメスが最初であったらしい。

　こうして、限られた人びとを対象としたものではあったが、地球論が日本の一部に伝えられ、また相次いで来日する宣教師が、地球儀や世界地図——もちろん、必ずしも完全なものではない——などを持参するようになると、日本のキリシタン以外の知識層も、ようやく自分たちとはまったく違った（そしてどうやらはるかにすぐれたものらしく思われる）自然観がヨーロッパにはある、という事実に気づきはじめたようである。

情勢の変化

　一方、キリシタンに対する日本側為政者の態度は、恐怖と尊敬、貿易による利益と儒教的身分観や倫理観の破壊による損害、などさまざまな因子のからみ合いに基づいて、迫害と歓待の両極を激しく振動する。秀吉の死後、禁教令は、あまり権威をもたなくなっていたが、各地の大名は自分の判断によってキリシタンに対する態度を決め、九州のキリシタン大名のように自ら入信するものも多かったが、他方、毛利のように激しい弾圧政策をとるものもあり、まちまちな混乱にあった。天下を統一した家康でさえ、今日謁見《えつけん》した神父を歓待したかと思うと、翌日には禁教令を確認するという有様であった。

　そのうえ、一六〇〇年にたまたま漂着したイギリス人ウィリアム・アダムス（三浦按針《あんじん》）や、一六〇九年に家康に通商を求めて謁見した新来のオランダ貿易船の船長が、ポルトガルやスペインの日本における既得権を打ちこわそうと、さまざまな中傷を家康の耳に注ぎ込んだことが事態をいっそう混乱させた。当時新興の新教国オランダが独立運動を戦いとった相手のスペインに対し、激しい反感をもち、また通商貿易面でも、スペイン、ポルトガルの強敵にのし上がりつつある時期であったことを忘れてはならない。こうしてけっきょくは、最終的な禁教、迫害、追放、鎖国への道を歩んで行くことにはなるが、そういった状況のなかで、キリシタンのあいだでのみ教えられていたヨーロッパの科学思想は、いろいろな形で、一般大衆のなかにも少しずつ根をおろし、やがて来る蘭学の時代への基礎を準備していたのである。

宇宙論論争

とりわけ、天文学の分野では、中国大陸の明王朝の客となり、『坤輿《こんよ》万国全図』を著わしたマテオ・リッチの同僚として、クラヴィウスの教えを受けたスピノーラ（一六二二年、きびしくなっていた追放令を犯して密航した二人の神父たちとともに、長崎で火刑に処せられた。学識のみでなく高徳の僧であった）が一六〇二年に来日し、彼の指導によって各地で天文観測や方位測定を行なうようになった。そういうなかから生まれた日本人修道僧不干斎巴《ふかんさいは》鼻庵《びあん》（ファビアン）は学識にすぐれ、西欧天文学をマスターしていた有数の人物であったが、このファビアンと、これも若手儒学者のなかではすぐれた学者と目されていた林羅山《らざん》との、日本人同士による宇宙観を巡る論争の一騎打ち（一六〇六年）は当時の事情をよく表わしていておもしろい。ファビアンは一五六五年生まれの禅僧慧俊《えしゅん》の後身と言われ、キリシタン転宗後一五九三年に修道士になって教理書まで書いたが、その後再び転向し、今度はキリシタン攻撃の書を著わした人物である。この林羅山との論争時はもちろん、まだ熱心な信者の時代であった。

林羅山は、あらかじめ、ファビアンの書いたキリシタン教理書『妙貞問答』やマテオ・リッチの『天主実義』などで、ヨーロッパの自然観を勉強し、京都のキリシタン寺にファビアンを訪ねて、宗論を挑《いど》んだ。そのなかから自然観についての興味深い論点を拾ってみると、羅山の反地球説の根拠は、主として、もし地球がほんとうに球であるならば、地の下にも天があることになる、これではどちらが上でどちらが下かわからない、というところにあった。また、ものの道理として、動くものは丸く、静止するものは方である、しかるにキリシタン流天文学は、静なる地も丸いという、これは矛盾である、とも言う。ファビアンは、ポルトガル人がはるばる船で東へとやって来て、またそのまま東へ進んで故国に帰ることから見ても、地球が丸いことが

図５　林羅山

知れるではないか、と言うが、羅山は、こういった反論を、蚊虻《ぶんぼう》の寝言に過ぎない、と退ける。

この問答は、今から考えれば、羅山に一方的に不利であるが、近世儒学の中心的存在であった彼が、ヨーロッパ流の自然観にいっさい理解を示さなかったことは、儒学の新興学派である朱子学の護教に心を奪われていたとはいえ、その後の日本の学界に影響を与えずにはおかなかったろう。

『乾坤弁説』

このような儒学者の立場からするヨーロッパ宇宙観の批判は、儒学者が未知のヨーロッパの体系に接した最初のショックから立ち直るにつれて、しだいにあちこちに見られるようになった。そのなかでも最も有名で、また最も問題の多い書が、沢野忠庵・向井玄松（元升）の『乾坤弁説《けんこんべんせつ》』である。沢野忠庵といえば、だれでも、ああ、あの転《ころ》びバテレンかと思うほど、よく知られた人物である。彼はもともとイエズス会日本管区長にまでなったポルトガルの神父クリストヴァン・フェレイラであった。しかし、大坂で捕えられ、一六三三年に長崎に送られて穴づりの拷問にあって棄教、その後、キリシタン関係の目明かしとして地下にもぐったキリシタンから、鬼のように恐れられた。キリシタンの心中をよく知っているだけに、「踏み絵」を発明したともいわれている（「踏み絵」を実際に使いはじめたのは一六二六年長崎奉行水野守信が最初であるから、この説は信じがたい）。日本人の妻をめとり、生涯を棄教者として寂しく過ごした。

フェレイラの転向は、イエズス会にとって最大の恥辱となった。イエズス会はフェレイラの翻意を促そうと、すでに入国が重大な罪になっていたのを知りながら、決死的な一隊を組織して密入国させた。この決死隊のなかに、天文学に通じた神父キアラがいた（キアラものちに、ついに〝転んだ〟岡本三右衛門であるという）。そのキアラは、ラテン語の天文学書を一冊もっていた。このラテン語書がいったい何であったか、判然とはしていないが、すでに触れたクラヴィウスの『サクロボスコの天球論注釈』である可能性はきわめて大きい。このラテン語の天文学書を、時のキリシタン奉行であった井上筑後守の命令で日本語に訳することになったのが、皮肉にもキアラたちが死を覚悟して翻意を促すため入国した当の目標フェレイラこと沢野忠庵であった。

忠庵は、三〇年に及ぶ滞日生活で日本語を読むことには堪能《たんのう》であったが、漢字を書くことは苦手であったので、翻訳に当たってローマ字で訳文を書いた。しかも忠庵は、単に翻訳を行なうばかりでなく、自ら編纂という仕事に取りかかり、クラヴィウスの『サクロボスコ注釈』に加え、前述のゴメスの『天球論』をも下敷きとして、独自に編み直したものと思われる（クラヴィウス、ゴメス、『乾坤弁説』三者の内容を最近克明に調べられた伊東俊太郎氏の御示唆による。詳しくは氏の『アリストテレスと日本』東大教養学部「教養学科紀要」第一号　昭和四三年三月）。これを原文と照合しながら日本語に直したのが、当時すぐれた通辞として知られていた西吉兵衛、さらに全体を監修したのが向井玄松という段取りで『乾坤弁説』ができ上がったのである。一六五〇年ころのことであった。

『乾坤弁説』の役目

向井玄松は、この『乾坤弁説』でもう一つの大役を仰せつかっていた。それは、このヨーロッパ、バテレン流の自然観を、儒学の立場から一つ一つ駁論《ばくろん》していくことであった。したがってこの本は、バテレンはこんなばかな説を信じている、儒教のほうがはるかにすぐれている、という点をデモンストレートするために書かれたものであったわけである。

玄松は「最近は世間一般も、天文地理などに関しては、キリシタンの学問が最もすぐれていると思うようになった。しかしキリシタンの学問は邪見であり、実に異端の妖術《ようじゅつ》である」という基本的立場から論を進める。ところが、細部にわたる駁論になると、この威勢のよい基本的立場は消えてしまう。アリストテレス式の四元質説を、儒教の陰陽五行説の五行に対応させ、両者がよく似ていることを指摘、またとくに地球球体説の部分では、林羅山と違って率直にそれを認め、世界すべての学説がそう言っているのであって、儒学も例外ではない、儒家が天円地方というのは、地の形が方形であるという意味ではなく、地には東西南北の四方があるという意味である、とむしろ全面的に地球説を受け入れるのである。

けっきょく、玄松はヨーロッパ天文学批判の最大の根拠を、それが「偏《ひとえ》に形の上の工夫論弁のみなり」というところに求めるしかなく、それはまた、ヨーロッパ天文学が、朱子学のように、人間の道にも通じるような「形而上の義」を説明することができない、ということでもあった。われわれは、第二章で、儒学のなかの天人相与の思想が、科学への道をはばんだことを見たが、ここではその点が儒学賞揚の根拠となったのであった。

『乾坤弁説』は、儒学のキリシタン科学批判であり、しかも対象は、たびたび言うように、科学革命以前の古いキリシタン科学であったが、井上筑後守の意図に反して、かえって儒家の誤りを露呈させる結果に終わっている、とさえ言えなくはない。けれども、この書は、ヨーロッパ科学体系の最初の組織的紹介というばかりでなく、日本の知識人が、ヨーロッパ科学と真向《まっこう》から取り組んだ最初の試みとして、忘れることのできないものである。たとえ、当時秘書の扱いを受け、わずかな部数しか伝写されず、このため、一般性には欠けていたとしても。

科学思想は危険視された

さて、この『乾坤弁説』の成立過程が明らかにしているように、一七世紀にはいって徳川幕藩体制の中央集権化が進むと、ヨーロッパ科学のもつ発想法は、徳川体制の思想上の統一理念である儒教精神にとって危険なものに思われてきたにちがいない。キリシタン禁教令、オランダを除くヨーロッパ人の完全締め出しを策した鎖国など、社会的な角度からの排外対策と並んで、ヨーロッパ系の書物の輸入・携帯がきびしく禁じられるようになった。寛永七年（一六三〇年）のことである。

この処置は、オランダ船に対しても同様に適用され、海外からの書物は、キリシタンの字がはいっていたり、アルファベットが書いてあったりするだけで、直ちに没収の憂き目にあった。当時の封建体制が、キリスト教思想とともに、ヨーロッパ科学の自然観のもつ広い視野をどれほど恐れたかが、このことでよくわかるし、またこの処置が、日本の自然観の近代的転換を、かなり遅らせたことは明らかであろう。それは、同じ時期の中国の事情と比べてみれば、いっそうはっきりする。

中国大陸での事情

明代の中国は、マテオ・リッチに続くカトリック布教とヨーロッパ科学紹介の伝統が、みごとに開花した時代であったと言うことができよう。

日本が鎖国にはいったちょうどそのころ、明では利瑪竇《りまとう》（リッチ）の少し後輩に当たる湯《とう》若望《じゃくぼう》（シャール神父）やリッチの高弟徐光啓《じょこうけい》（明人）らの手によって洋暦による編暦が進められ、そういう文献類（たとえば五次にわたって編まれた『崇禎暦書《すうていれきしょ》』やその増補『西洋新法暦書』など）では、歌白泥（コペルニクス）、地谷（ティコ・ブラーエ）、刻白爾（ケプラー）などの説が紹介されるほどであった。

言うまでもなく、ティコはコペルニクス後にプトレマイオスとコペルニクスの説を折衷しようと企てたという意味では中世的な人物であるが、新星や彗星の正確な位置測定を行なって、プトレマイオス的な天球概念を崩壊させたし、その晩年の助手であったケプラーは、一六〇九年に『アストロノミア・ノヴァ』（新天文学）を著わし地動説はもちろん、ガリレオさえ容認できなかった惑星の楕円運動や、その周期と公転半径の関係を通じて、ニュートンの万有引力の概念に今一歩まで近づいていた、その意味では近代的な天文学者であった。明の一七世紀初頭の洋暦文献は、依然完全にコペルニクス体系にはなりきれず、ティコの体系を骨格にしているが、ティコ＝ケプラーのルドルフ暦表を使用しており、イエズス会宣教師たちの進取性をはっきり示している。中国大陸における彼らは、ある意味では、伝統との桎《しっ》梏《こく》の外にあるためか、ヨーロッパにおけるよりも、はるかに進取的でさえあったと言えるかもしれない。

図６　マテオ・リッチ（左）と徐光啓（右）

キリシタン科学からオランダ科学へ

隣国明が、このような状況にあるとき、日本は、鎖国によってこうした流れのなかから、自らを締め出していたが、これら明のヨーロッパ関係の暦書や天文書も、もちろん禁書の対象となっていたのである。そして、ポルトガル、スペイン両国の宣教師たちの手によって、わずかに播《ま》かれたヨーロッパの学問、とくに科学も、年とともに貧弱なものになっていった。ただ一つ開いていたヨーロッパへの門戸オランダも、単に通商交易に専念するのみで、学問的な世界に触れることは少なくなり（ヨーロッパで「学問」はつねにキリスト教と結びついていたことが、このことからもわかる）、禁書令もこれに輪をかけた。

しかし、このような科学にとっての悲観的状況も、そう長くは続かなかった。八代将軍吉宗のころになると、それまでは単なる貿易関係だけであったオランダとの交渉のなかから、ようやく学問的な局面が現われはじめ、いわゆる蘭学となってみごとに花を咲かせることになった。そして細々と生き続けていたキリシタン科学の伝統も、この蘭学のなかで、カモフラージュのために蘭学の装いを凝らしながら生き返るのである。したがって、蘭学とは文字どおりにはキリシタンと無関係なオランダから輸入された学問ではあるが、その名の下には、キリシタン科学がかなりな程度含まれていたことはあらかじめ指摘しておかねばならない。

第四章　蘭学期における西欧科学の影響

一　天文学

新井白石

新しい気運を示す最初の兆候は、きびしい鎖国禁教令のさなかにイタリアから渡来したシドティ神父と、それに対して冷静な態度で接した新井白石であった。シドティは一七〇八年に来日したが、すでにポルトガル語関係の通辞の伝統も絶え、オランダ語関係の通辞は長崎を除いてはまったく見当たらず、ヨーロッパとの交渉が最も沈滞していた時期であった。

捕えられたシドティを獄中に尋問してヨーロッパの学問全般にわたり、ことばに苦しみながら教えられた白石が、キリシタン邪宗観を捨て、布教が領土的野心とは無関係であることを悟り、また、ヨーロッパ科学の成果である太陽暦や世界地理に感嘆し、蒙を啓《ひら》かれて『西洋紀聞』、『采覧異言《さいらんいげん》』を著わしたことはあまりにも有名である（前者は秘書として刊行されなかったが、後者は一七一三年に刊行され、世界の人文地理を紹介した当時数少ない書物と

図7　新井白石

して珍重された）。白石はその後、手を尽くして明のキリシタン天文学書を読みあさり、ヨーロッパ科学についての知識をたくわえ、禁書や鎖国政策に疑問をいだくようになるが、しかし、このような動きは、白石にとどまらなかった。

白石より前に、『養生訓』で有名な貝原益軒《えきけん》がすでに長崎でのオランダ人たちの医学的水準の高さを見聞して、これに賞賛のことばをしるしているし、益軒と同じ九州の西川如見《じょけん》も、全体においては儒学から一歩も抜け出してはいないとはいえ、主著『両儀集説』や『天文義論』において、リッチ以下明のキリシタン天文学書、とくに一六七五年に編まれた漢籍で、キリシタン天文学書である『天経或問《てんけいわくもん》』（これは白石も参照しているが、もちろん禁書であった）などの影響を、地球説の表現などのなかににおわせている。禁書令が出ていなかったとしたら、如見は、あるいはもっと大っぴらに、大胆に、リッチらの漢籍を引用したかもしれない。

改暦への関心

こうした新しい気運は、一七一六年に将軍となった進取的な英君吉宗のもとに結実した。

すでにそれより半世紀前、一〇〇〇年近くにわたって放置されてきた宣明暦に対し、民間から多くの疑問が現われはじめていた。中国大陸では元王朝時代に、比較的すぐれた授時暦が編まれていたが、その授時暦が宣明暦との比較において一七世紀なかごろに、日本で問題になりはじめたのである。そして高名な渋川春海《しゅんかい》が出て、授時暦への改暦が上奏され、一六八五年に貞享暦《じょうきょうれき》として公布された。春海は、『天経或問』をひそかに読んで、授時暦の不完全さをすでに悟っていたらしいが、貞享暦は授時暦を引き写したに過ぎず、日本の天文学・暦学への関心を極度に高めた功績を認めるとしてもなお、誤謬《ごびゅう》の多いものであった。

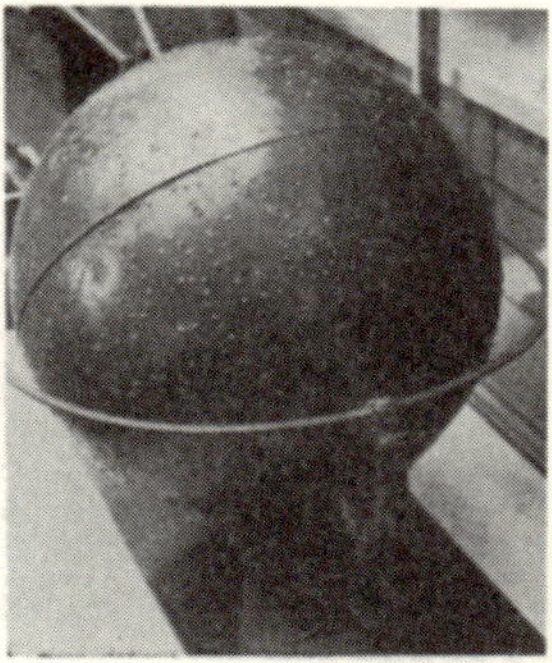

図８　渋川春海の製作した銅製天球儀（科学博物館蔵）

　吉宗は将軍になるや、直ちにこの改暦に着手した。この命を受けたのが中根元圭《げんけい》であった。元圭は、吉宗に命じられて、キリシタン天文学の漢籍（それが何であるかについては異見が多い）の翻訳を行ない、その結果、「暦学は、中国本来のものはみなずさんで使用価値が低かったが、明時代、西欧の暦学が初めて中国大陸に輸入され、その結果いろいろなことが明らかになった。ところが、日本ではキリシタンを厳禁するあまり、天主とか利瑪竇（リッチ）などの文字のある書物は、すべて長崎で焼き捨てられることになっているため、暦学のよい参考書がきわめて少ない。もし日本の暦学を発展させたければ、まずこのきびしい禁書令をゆるめるべきである」という趣旨の建言を吉宗に対して行なった、と言われる。

この元圭の建言が実って吉宗は、有名な緩禁書令を発し、きびしい禁書令は撤回された。しかしこの緩禁書令は、一般には公布されず、長崎にはいってくる船に持ち込まれている書物を吟味し、可・不可を決定する役の奉行に伝えられたものに過ぎないことは、注意されなければならない。

ヨーロッパ天文学研究の勃興

為政者たる吉宗のこのような態度は、心ある学者に反映しないはずはなかった。中根元圭は、一七二六年に輸入された梅文鼎《ばいぶんてい》の『暦算全書』――やや内容的に古いところはあるが、ヨーロッパ天文学を『崇禎暦書』に基づいて吸収している――を翻訳し、コペルニクスやティコ、ケプラーらの名もこれによって伝えられた可能性があろう。もっとも、『暦算全書』はきわめて大部であって、ほとんど参照する人びとはいなかったようである。

また長崎系の天文学者西川如見の息《そく》・正休《せいきゅう》は、父如見や白石も参照し、貞享暦にも隠れた影響を与えた『天経或問』の訓点本を出すと同時に（これは、緩禁書令の具体的な成果の一つと考えてよい）、吉宗の熱心な意を受けて、西欧暦法による（『崇禎暦書』を中心とした）改暦を企てた。しかし、朝廷の暦職土御門《つちみかど》家との感情の行き違いから果たすことができず、一七五一年に吉宗が没すると、土御門泰邦《やすくに》は、公然と正休を紅毛流《こうもう》を弁ずる無頼の徒として非難し、このため正休は失脚してしまう。以後しばらくは、土御門家が暦学に権威を振るうことになり、いわゆる宝暦の改暦が行なわれた。

蘭学の形成

しかし、吉宗の播いた種子はさまざまな形で実りはじめた。正休の『天経或問』の翻訳は、大部な『暦算全書』などと違って、手ごろなものであるため、その流布率はきわめて高く、大きな影響を与えたし、吉宗は積極的にオランダ書を読もうとする姿勢を見せ、野呂元丈、青木文蔵（昆陽《こんよう》）にまずオランダ語をマスターすることを求めた。とりわけ甘藷《かんしょ》先生として知られている昆陽は、多くのオランダ語研究書を著わして、その後の蘭学発展の大きな基礎を形作ったのである（『解体新書』の訳者のひとり前野良沢＝後述＝は、昆陽の系譜である）。

図9　青木文蔵（昆陽）

後代『蘭学事始《ことはじめ》』に、この吉宗の時代には、専門の通辞でさえ、単に暗記でことばを知っているだけで、書物を読み下す能力が欠けていた、という意味のことが述べられている。誇張があるにしても、このような退嬰《たいえい》的な時代に、吉宗、および吉宗の命の実現に尽くした上記の人びとの努力が、日本におけるヨーロッパ科学に対する態度に及ぼした影響の大きさは、おそらく想像以上であったろう。

蘭学は科学革命後の西欧科学を伝えた

ところで、これまで述べてきたキリシタン時代、およびその影響と伝統下にある時代においては、日本に伝来したヨーロッパの宇宙観・天文体系は、大体において、コペルニクス説以前、つまりプトレマイオスの体系に依拠したものであった。

リッチ以下シャールらの手によって編まれた明のキリシタン天文学書の多くは、すでに明らかにしておいたように、コペルニクスやケプラーの業績にも言及しているし、それらの書物が日本にひそかに（禁書令の目をくぐって、そういう漢籍が輸入されていたことは確実である）紹介された結果、「ヨーロッパの学説のなかには、地球が動くと考えるものもあるが……云々《うんぬん》」というような表現が、日本の学書にも見られることがあるが、基になった漢籍がすでにそうであるごとく（ティコの旧体系が漢籍で採用されていたこともすでに述べた）、コペルニクスの新体系は、理解されないままに批判されたり、言及されたりしたにとどまっていた、と言うことができよう。

日本にコペルニクスの地動説が初めて本来の姿で紹介されるのは、こうしたキリシタン的科学の素地が重要な助けとなっているとはいえ、蘭学、つまり、純粋にオランダの学問を通じてであった。ということは、蘭書に直接接することがどうしても必要だったのである。したがってそういう研究にたずさわったのは、まず言語に通じている通辞たちであった。

通辞たちの働きと地動説

コペルニクス地動説を紹介したのは、本木良永という長崎のオランダ通辞である。本木家はもともと、ほとんど江戸幕府開設当初から、長崎で通辞を職とし、良永はその三代目、その子孫も明治初期まで同じ職を勤めた、というはえ抜きの通辞一家である。この良永は、多くの蘭系の科学書を翻訳したが、そのうち、地動説と直接関係のあるものは、一七七二年の『阿蘭陀地球図説』、一七七四年（因みにこの年『解体新書』が出る）の『天地二球用法』および一七九二年の『太陽窮理了解説』（これが普通『新制天地二球用法記』と呼ばれている）の三書である。良永が一七七〇年代の初期にこれらの翻訳に取りかかった当時、彼は天文学に通暁していたわけではなかったらしく、前二著では、天文学の漢用語との照合などで、松村元綱《げんこう》の協力を仰いでいる。このようなところが良永の業績に対する二面的評価となって表われるのであろう。たとえば、海老沢有道氏は、この『新制天地二球用法記』に、細かく訂正を加えた間重富《はざましげとみ》の『天地二球用法評説』のなかのことばを引いて、良永は、単に翻訳を行なっただけで、必ずしも地動説を主唱する意図はなく、その意味では良永を過大評価

図10　間重富

することは危険である、と言われる。

確かに良永は、航海書の『阿蘭陀海鏡書和解《わげ》』のように、プトレマイオス体系に準拠した書の翻訳も行なっている。けれども、現在でも航海、星座図などは便宜上地球中心になっていることを考えれば、そのことで良永が非難されるのは妥当性を欠くかもしれない。とくに翻訳の対象が良永個人の撰択に完全に任されていたとは言えないのであるから、なおさらそうであろう。

いずれにしても、『天地二球用法』は、ブラウというひとの一六六六年にアムステルダムで発行された天と地球に関する学説と呼ばれる書物の訳であり、「ヨーロッパには、宇宙の中心と太陽・星・月の運行を説明するのに二つのやり方がある。一つは地球が宇宙の中心にあるとする説であり、ヒッパルコスやプトレマイオス以来、現在まで一部で信じられている。今一つは、太陽が常時中心にあって不動であり、地球は五惑星とともにその周囲を巡り、恒星天は不動であるという説で、およそ百年前にニコラス・コペルニクスが出てこれを唱え、観測に比類なき才能を示したティコ・ブラーエと協力してから、天文学はみごとな発展を遂げた」と書かれている。

コペルニクスがブラーエと協力した、などというところはいささかおかしいが、地動説をはっきりした形で紹介した最初ということには疑問あるまい。そしてこれらの二書では二つの可能性のうちの単なる一つとして表現されたコペルニクス体系について、そののちそれ専門の解説書の翻訳を松平定信から命ぜられた良永が、精魂を傾けて行なった仕事が『太陽窮理了解説』であった。これは板沢武雄氏の手で原著がつきとめられた。アダムス（George Adams）の英語版をヤコブ・プルースが蘭訳したものからの翻訳であって、コペルニクス、ケプラー、ガリレオ、デカルト、ニュートンにいたるまでの地動説の推移発展の状況が説かれている。良永は、この仕事のために生命を縮めたと言われるほどに心血を注いだ。

良永のこの翻訳には、それにもかかわらず確かに間重富の評言のように、不備な点が少なくなかった。しかし、良永自身の告白にもあるように、この翻訳は、横のものを縦に直すだけではなく、まったく新しい概念や考え方に随処でぶつかったはずであり、それらは、もとより漢語に対概念を求めることもできないものであった。良永の苦心の造語として、現在でも使われている用語には、惑星、視差、遠点、近点などがある。

また、良永は、「既述の『天経或問』などのキリシタン天文学系の漢籍が、ティコの体系を採用しているが、西欧において最近では、この説はすたれ、もっぱらコペルニクスの太陽窮理（太陽系）を正しいとしている」と述べ、初学者はまずこういった古い学説から入門し、漸次新しい学説と取り組むべきである、という忠告を付しているところからも、『天地二球用法』以来ほぼ二〇年の間に、良永が天文学をかなり勉強したことが理解できる。ただ、この『太陽窮理了解説』は一般には流布しなかったことは指摘しておかねばならない。とにかく、良永の地動説紹介は、単に天文学の領域のみならず、蘭学研究においても一つのエポックを形成したものとして記憶される必要があろう。

独自な天文学者

一方、この時期の天文学で忘れることのできないもう一つの流れは、いわゆる麻田派と呼ばれる大坂系の天文学者たちの仕事であった。麻田派の祖麻田剛立《ごうりゅう》は一七六三年九月に起こった日食を予報したが、さきに述べたような経過で当時の幕府の暦学の実権を握った土御門泰邦らが貞享暦に若干の改訂を加えて採用した宝暦暦（一七五四年採暦）は、みごとにこの日食の予言に失敗した。麻田剛立（当時はまだ旧姓綾部正庵を名乗っていた）の名はこのころから知られるようになった。

剛立は故郷の杵築《きつき》藩を脱藩し大坂に出て、天文学観測に従事し、実測に力を集中したが、やがてその弟子である前述の間重富の努力によって画期的な漢籍『暦象考成後篇』を入手し、またケプラーの第三法則（惑星の公転周期の二乗と、その軌道半径＝長径の三乗の比は一定となる）を、独自に発見したとも言われるが、この点には疑問が残る。

『暦象考成』は、清の康熙《こうき》帝の勅令によって、一七二三年に編まれたもので、明以来のキリシタン天文学の伝統の集大成であるが、その後一七四二年に至って『後篇』がその改訂版として発刊された。この編者は、ケクラーとペレイラという二人のイエズス会士であり、『後篇』は『正編』と異なり、ティコの体系と完全に手を切り、ケプラーの理論を大幅に取り入れたものであった。

したがって剛立・重富がこの『後篇』に接することができたのは、ケプラー理論の体系的な導入という意味では、きわめて画期的なできごとであり、本木良永が通辞であったのに対して、剛立らが天文学を専門とする人物であったことと並んで、大きな意味をもっていた。

やがて幕府は、例の土御門家の宝暦暦の改暦に着手し、それが寛政の改暦に実る。幕府はその改暦に当たって、一民間人である剛立にその責めをゆだねることになったが、これは、西欧流の天文学がようやく、日本暦学の上に、公の場所を得たことを意味していた。剛立は、故郷の豊後《ぶんご》を脱藩して上坂した際杵築藩領主がそれを不問に付した恩義に感じて官職につくことを遠慮し、代わって重富と同じく弟子の高橋至時《よしとき》を推挙した。この改暦は、一七九七年に行なわれたが、これには剛立の消長法（さまざまな天文常数について、おのおのに永年変化率を与えていく法）が採用されている。この消長法は、古来の中国暦に影響された部分が見え、また各採用値は必ずしも妥当ではないが、麻田派天文暦学が、すべてケプラーの体系（『暦象考成後篇』）に依存するだけではなく、彼ら独自の観測値や理論を幾許《いくばく》か加えていたことを示すものであり、日本に最初の西欧近代科学的な意味での自然科学者として剛立を考えることも、あながち行き過ぎているとは言えまい。

ケプラー・ニュートン説の紹介

ただ、一言付け加えておくならば、ケプラーの第三法則が剛立によって独自に発見されていた、というのはひいきのひきたおしであろう。少なくとも次に述べる志筑《しづき》忠雄のケプラー紹介より遅れていることは確かであると思われる。しかし、麻田派は、その後、高橋至時（晩年、仏人のラランデの『暦書』の蘭訳から『ラランデ暦書管見』を著わし、これを基礎に後に正式な訳が作られた。これが『新巧暦書』で、明治六年太陽暦に改暦されるまで日本最後の太陰暦として用いられた天保暦＝一八四二年採用＝の根拠となった。日本がヨーロッパ暦法に接した最初のものとして重要である）やその門下となった伊能忠敬《いのうただたか》（師たちの天測技術や天文知識を応用し、正確な日本地図を作った）など、日本における科学的な伝統の形成に、大きく寄与したのである。

さて、麻田派は、その依拠した原典の性質から言って、蘭学系統ではなく、キリシタン漢籍という伝統的な流れのなかにいた（ただし今見たように晩年の高橋至時は、ラランデの蘭書と取り組んだ）が、本木良永以後の蘭学系の天文学はどうなっていたのであろうか。ここに落とすことのできないのはニュートン説の最初の体系的紹介者志筑忠雄である。

志筑忠雄は良永の弟子であるが、通詞として一生を終わることをきらい、学者となった。

彼は、ニュートンの『プリンキピア・マテマティカ』――言うまでもなく、ニュートン力学の集大成である――の解説書として当時ヨーロッパで有名であったジョン・ケイルの著書の蘭訳を基礎に、多くの漢籍をも参照しながら訳述した『暦象新書』を著わした。これを完成するのに忠雄は実に二〇年を費やしている。この書は、上・中・下に分かれ、上篇はケプラーの惑星の運動論、中篇は静力学や光学、慣性の法則や遠・求心力などの動力学、トリチェリの実験や、ボイル＝シャールの法則などの気体論、下篇は万有引力などが述べられている。完成は、下篇が一八〇二年、日本最初の蘭日辞典『ハルマ和解』（一七九六年）、寛政暦（一七九七年）などと同時代であり、すでに後述する大槻玄沢《おおつきげんたく》らの蘭学運動の最盛期にさしかかっているが、その旧稿「動学指南」は一七八二年と、かなり早い時期に成っている。た

図11　伊能忠敬

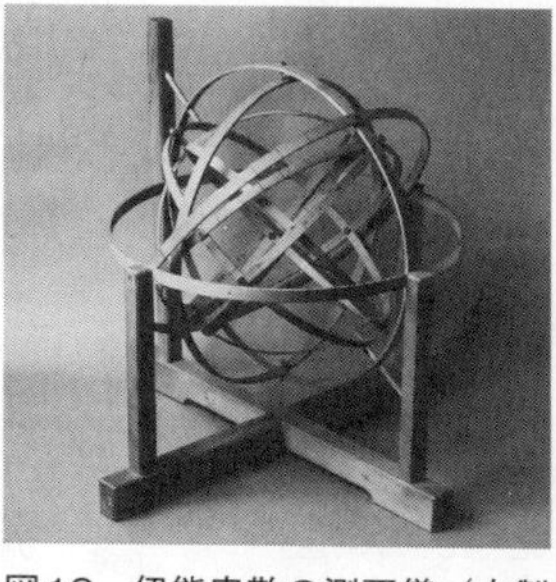

図12　伊能忠敬の測天儀（木製の天球儀）

だ、志筑忠雄は比較的孤高にあり、その著書も急速な流布を見せなかったから、麻田剛立が「動学指南」を見て、第三法則に至ったかどうかについての最終的結論は控える。

啓蒙家・司馬江漢

もうひとり、本木良永の影響を直接受けた人物に司馬江漢《こうかん》がいる。彼は本来洋風の画家であるが、平賀源内、前野良沢、大槻玄沢などと親しく、蘭学、とくに天文学に強い興味をもち、良永の『太陽窮理了解説』を知って、地動説の啓蒙《けいもう》的紹介者となった。一七九三年の『地球全図略説』以来、多くの著書を著わして地動説の普及に努め、これによって地動説の存在に初めて気づく識者も少なくなかった。一八一一年の『春波楼筆記』では、自ら「われ日本に初めて地転の説を開く」と豪語したが、もとより今までの記述が明らかなように、この言は誤りである。しかし、その啓蒙力から言えば、この豪語は必ずしも虚言ではなかったことになる。ただ江漢の大きな失策は、漢籍中の「刻白爾《ケプラー》」を和風に訓《ひら》じて「コペルニクス」と読んでしまったことで、以後、江漢に蒙を啓かれた人びとはだいたいにおいて、ケプラーとコペルニクスを混同し、どうも時代が合わない、と首をかしげさせることになった。

天文学の道筋

以上ざっと天文・暦学・宇宙観に関して、江戸時代までの日本における学説の展開をながめてきたが、ここにいくつかの顕著な事実を認めることができる。第一は、日本における宇宙観が、つねに、借り物であって、ついに一度も日本独自の宇宙に関する理論体系は現われていない、という点である。ヨーロッパ的な体系が導入される以前、曲がりなりにもそういう体系を与えていたのは、儒教の陰陽五行説、およびその発展型である朱子学の太極説であり、仏教の須弥山説であり、両者は共にアジアの他地域から輸入によってもたらされた。

第二に、ヨーロッパ系の宇宙観の導入によって、これらのアジア系の暦学上の宇宙観は交替させられていくが、このヨーロッパ系の宇宙観導入の過程には、二つのおもだった道筋がある。その過程の一つは、日本におけるキリシタン布教と、禁教以後は中国大陸におけるキリシタン布教に伴って、いわば布教活動の一端として行なわれた。ゴメスの『天球論』や、明代の『崇禎暦書』、『天経或問』、『暦算全書』、『暦象考成』などがその系列に属し、それらの影響を受けた人びとには、西川如見・正休、吉宗、中根元圭、麻田剛立らがいる。この系列は主としてコペルニクス説ではなく、天動説もしくはその変形であるティコの説に準拠しており、地動説への転換は、日本では麻田剛立において起こり、以後、間重富、高橋至時が出る。

もう一つの道筋は、この漢籍に刺激された吉宗に始まる蘭学系統であって、こちらは時期的な点からも地動説が主である。本木良永、志筑忠雄、司馬江漢という系列である。当然この系列は、通辞の色彩が強く、学問的にはアマチュアばかりと言えるが、オランダ系の学問との直接の接触を通じて、地動説に強い近親力をもっている。この二つの系統は、だいたい高橋至時の晩年には融合し、日本の暦学上の世界観は、完全にヨーロッパ近代科学流になるのである。しかしほんとうの意味での近代科学的世界観は、まだ日本人のものとはなっていなかった、ということを付け加えておき、本書の第七章でその問題に立ちもどってみることにする。

二　蘭学のもう一つの流れ——医学

キリシタン医学

貿易商として日本に滞在中神父になり、また外科医として活躍したアルメイダの名は、すでに一度触れたことがある。鉄砲伝来に伴って、日本に初めて現われた銃創の治療は、やはりポルトガル人やスペイン人がすぐれていて、そういう意味でのヨーロッパ医術は、一五四三年以降間もなく日本に伝わっているが、組織的な治療に踏み切ったのは、このアルメイダ神父であった。アルメイダの最初にして最大の関心事は、当時、いとも平然と行なわれていた間引《まび》きの習慣であったようである。豊後で布教中の彼は、育児院を建て乳牛を飼い、捨てたり殺したりする嬰児《えいじ》は、その育児院に連れてくるように高札によって公布した。この育児院、産院を中心にイエズス会の施療活動が一五五五年ごろから盛んになりはじめた。日本に来る以前ポルトガルで医学を学んだことのあるアルメイダと、元来漢方医で洗礼を受けて転宗したパウロ・キョウゼン（日本名未詳）とが治療を担当した。

当時のヨーロッパ医学は、ヴェザリウスの『人体解剖学』が一五四三年に出たころであり、漢方医学に比べてとりわけ優秀であったわけではないかもしれないが、外科学の父と言われるアムブロアーズ・パレはすでに現われ、外科のほとんど存在しない漢方医学に比して、外科だけは、かなり高い水準にあった。アルメイダの施療は、皮膚病をはじめ、ハンセン病にも高い治療率を示し、また、毎日何例かの手術を行なった、と言われる。

アルメイダは、フロイスから「永久運動機械」とあだ名されるほど、献身的に働いた。さらに、このような病院の成功に伴い、病院において、日本人の医師の養成にも力が注がれた。しかし、イエズス会の布教方針の変更に従って、こういう形式の医療組織に会の神父が参加することを禁止するよう決定されたために、この病院は、わずか二年あまりでアルメイダの手を離れてしまった。いわゆる南蛮医学の組織的な伝統は、そののち、教会から、一般に移り、慶友法印（一説にポルトガル帰化人）、中条《ちゅうじょう》帯刀《たてわき》佐種《すけたね》らのキリシタンの医者たちが活躍している。もっとも帯刀は一六三五年に一度キリシタンからの転宗を誓い、なおキリシタンの疑いをかけられ一六四三年に再び転ぶことを誓った。

彼の派は、そののち中条流として発展するが、中条流は、皮肉にもそもそもアルメイダが日本で最も心を痛めた間引きや堕胎の権威として、江戸時代を通じて喧伝《けんでん》されることになっ

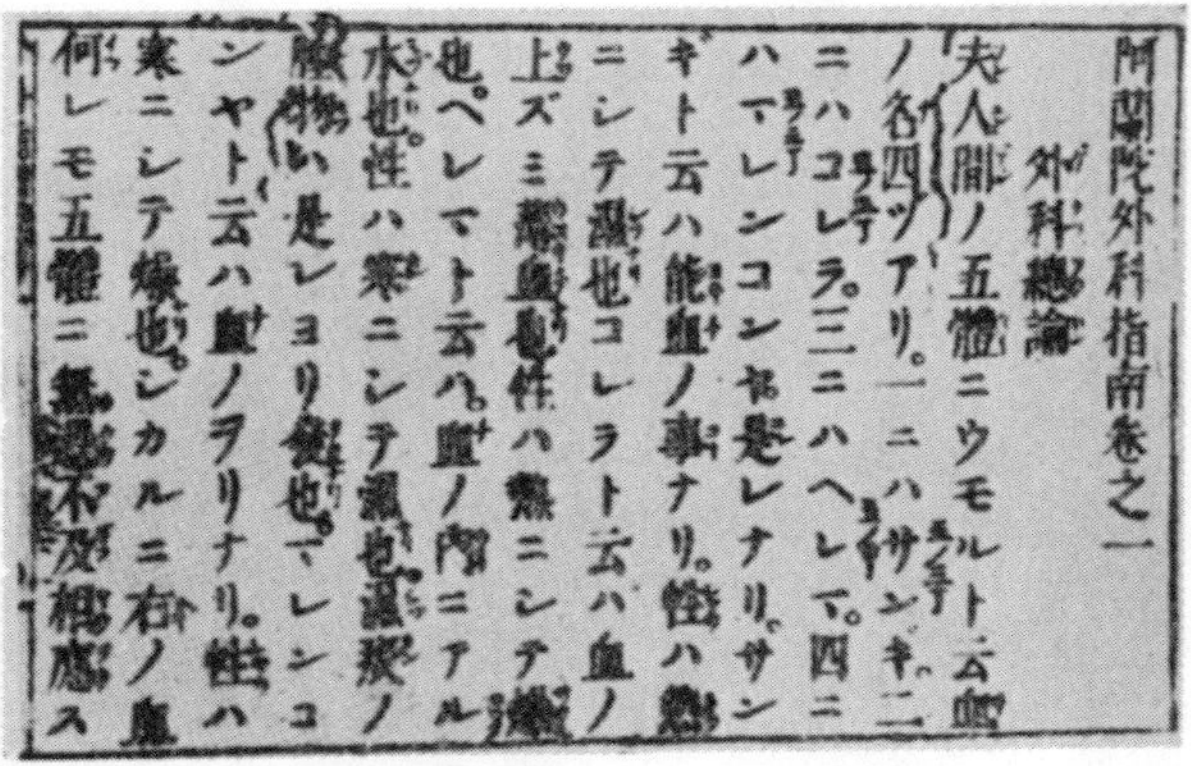
阿蘭陀外科指南巻之一
外科総論
夫人體ノ五體ニウモルト云血
ノ名四ツアリ。一ニハサンキニ
ニハコレラ。三ニハヘレマ。四ニ
ハマレンコン是レナリ。サン
キト云ハ能血ノ事ナリ。性ハ熱
ニシテ濕也コレラト云ハ血ノ
上ズミ[illegible]血也性ハ熱ニシテ燥
也ヘレマト云ハ血ノ内ニアル
水也性ハ寒ニシテ濕也濕[illegible]ノ
物是レヨリ出也マレンコ
ンヤト云ハ血ノヲリナリ。性ハ
寒ニシテ燥也。シカルニ右ノ血
何レモ五體ニ

図13　沢野忠庵『阿蘭陀外科指南』

た。転びバテレンと言えば、すぐ名の浮かぶ背教者沢野忠庵（フェレイラ）は、この南蛮医学に関しても、いくつかの貢献を残していることは、忘れられてはならない。

医師としての沢野忠庵

フェレイラは、日本で拷問に負けて棄教したために、イエズス会を破門され、残されていた神父になるまでの半生の記録もすっかり抹殺《まっさつ》されてしまった。このためはたしてどういう形で、彼がヨーロッパにおいて医学教育を受けたか、詳しいことはまるでわからなくなっている。イエズス会は、布教の一端として天文学的宇宙観についての教化には非常に熱心であったことはすでに見たとおりであるが、会士の医術禁止令にもあるように、医学に対しては積極的ではなかったから、フェレイラがかつてヨーロッパで医学を学んだとしても、それはおそらく、イエズス会入会以前のことだったにちがいない。まして、故国ポルトガルの当時の医学水準は必ずしも高くはなかったから、フェレイラの伝えたヨーロッパ医学が、当時の最高のものでなかったことははっきりしている。それにもかかわらず、少なくとも外科的治療に関するかぎりは、日本に古来伝わっている漢方をはるかにしのいでいたと思われる。

いわゆる忠庵流の南蛮外科は、このフェレイラに始まるもので、その門下には、半田順庵、杉本忠恵、西吉兵衛などがあった。西吉兵衛は、例の『乾坤弁説』で忠庵の協力者として働いた有数の通辞であったが、医術を学んで西流外科を興したのである。また、忠庵の口述する内容を筆写した『南蛮流外科秘伝書』はながく、外科医学の指針として尊重されていたが、キリシタン禁教令、禁書令がきびしくなるにつれて「南蛮流」の名を厭《いと》うようになり、一六九六年にはカモフラージュのため『阿蘭陀外科指南』と書目を改名されて刊行されている。

初期オランダ人医師たち

このころになると、長崎駐在のオランダ人医師の医術水準の高さが、ようやく認識されはじめてきた。一六八五年には、あらためてリッチ以下のキリシタン漢籍の輸入をきびしく禁ずる令が出されているが、一方その翌年には、長崎に派遣されてオランダ人医師から医学を学ぶものも現われている。医学は、世界観などの面で、封建社会の統一理念である儒学と抵触するところが天文学に比して少ないためか、幕府のオランダ人との接触は、天文学系の学問の場合よりはるかに早い。この一六八六年は、吉宗治下の緩禁書令に先立つこと三五年であり、白石がシドティに啓蒙されるよりも二五年あまりも早いのである。蘭学と言えば医学を普通想起するのも、ゆえないことではないと言える。

しかし、この時代から、杉田玄白たちの蘭方医学研究活動の開始までには、まだ一〇〇年近くを経過しなければならなかった。もとよりすでに天文学について述べてきたような一般的なヨーロッパ学問への傾斜の気分が醸成されることも必要であったろう。けれども、当時の医学界が、玄白らの運動になだれこむためには、医学界のみに見られる特殊な事情が介在していた。それは、ヨーロッパ医学を受け入れる側の態勢とも言うべきものに関する事がらであった。

儒学における経験主義の重視

天文学の場合に、西欧天文学の導入のきっかけをしばしば作ったのは、改暦であったことはすでに見た。在来の暦法の不備とヨーロッパ天文学による暦法の優秀性とが認識され、正確な暦を作る、という実際上の目的のために、その基礎となるべきヨーロッパ天文学の成果が求められた、という見方も成り立つであろう。また医学の場合、西欧医学の最初の体系的紹介は言うまでもなく『解体新書』であるが、それは、病気のよりすぐれた治療という実際上の目的を照準した上で、その基礎となるべき基礎医学《グルント》、解剖学の分野で始められた。これは天文学の場合と並行する現象と言えるが、一方また、当時の医学界に特殊な事情も加わっていた。

日本の医学は、古来漢方医学であり、とくに江戸時代初期は、官許の学となり林羅山を筆頭に大きな勢力を振るっていた朱子学に基づいたものであった。朱子学は、古儒を理論的に洗練し直したもので、『乾坤弁説』にも見られるように、理論系として、ヨーロッパ科学と敵対し駁論する役を務めた。しかし、江戸中期には、朱子学一点張りの儒学界に、それに対する反省が生まれてきた。

この反省はもちろん、儒学のなかでのみなされたものであるが、けっきょくのところ、孔子や孟子の教えに直接帰るという主張であり、その後、漢唐宋明の時代になされた訓詁《くんこ》的な学問、とくに理気説を中心に、理論的な方向に走りがちな朱子学をすべて退けよう、とするものであった。それは主として、伊藤仁斎、荻生徂徠《おぎゅうそらい》の古学によって代表されるが、医学のほうでも、このような古学派に並行して、古代中国の経験的（非理論的）な医学へもどろう、という運動が起こった。古医方と呼ばれているものである。

医学における経験主義

経験的、ということは、本書の最初に述べたように、技術的側面の強いことである。「なぜ」という質問に、理論体系を組み上げて答えることよりも、実際に経験によって薬や治療法の有効性が確かめられることに重点が置かれることになる。医学よりは医術を、という表現が当たるかもしれない（たとえば後に述べる古医方の大家吉益東洞《よしますとうどう》は、「医者はひたすら病気を治《なお》すことに専念すべきであり、理屈は百害あって一利ない」と主張した）。

いずれにしても、古医方のこのような態度は、しばしば「実証的」と呼ばれている。そこで、古学は実証的立場を与え、日本に初めて近代的思考法を導入したという評価がだいたいにおいて確立している。この評価は一面においてきわめて正しい。古方家（古医方派の医家）のスローガンである〝親試実験〟には、まさに、実際に自分でためし経験したことのみを信ずる、という態度がよく表わされている。このような態度にかり立てられて、古方家の大家山脇東洋は人体構造の従来の説明に、大きな疑問をいだいた。つまり、それまでの医学体系をすべて捨て去ったあとに、古医方によって、新しく医学を興していく上には、まず人体構造という最も基礎的なところから考え直さなければならなかったのである。

東洋にとってもう一つの重大な契機となったのは、蘭語の解剖学書（今となっては何かわからない）を手に入れたことであった。日ごろおかしいと感じていた旧説とすっかり違っているその書の説明は、しかし東洋の当時の知識では理解できず、このため東洋の、人体構造を自分の目で確かめたいという欲求をさらに大きなものにした。こうして一七五四年、京都において、東洋らは日本人として初めて、公式の解剖に立ち会うことになった。立ち会う、と言ったのは、実際に執刀したのは、死体嫌忌《けんき》の習慣から、刑場専属の「非人」（歴史上の事実なので、使用を許されたい）であり、東洋らの医者は、ただ腑分《ふわ》けを見守っていただけであったからである。切り裂かれた死体から次々に現われてくる内臓の状況を、彼は、『蔵志』という本のなかで詳しく述べている。そして、人体の実際の構造が、以前には理解できなかったオランダの解剖書の記事とぴったりと合致したことに感嘆している。

このような古医方の立場は、東洋らが蘭方医学の優秀さに自ら導かれていったことからもわかるように、確かに実証性を備え、その意味では、近代科学的であったということも、あながち褒《ほ》めすぎではないかもしれない。けれども、実証主義（経験主義）だけでは「科学」にはならない、というみごとな例を、東洋とほとんど同年輩で、後に古医方を東洋の山脇流とともに二分した吉益東洞に見ることができる。

経験主義だけでは科学にならない

東洞は、東洋に対する対抗意識が働いていたためもあってか、もともと死体解剖には消極的であった。たとえば東洞の息・南涯《なんがい》は、「ヨーロッパ医学の基礎は解剖である。ところが解剖というのはそもそも死体を対象にしている。死体と生きている人間とは違う。したがって、生きている人間を扱う医学の基礎として、死体の解剖によって得られた結果を使うことなどできはしない」という意味のことを述べている（『西洋医事弁』）。ある意味では実証主義に徹し切ったこの発言は、けっきょく吉益流がついに解剖の医学上の意義を理解できぬままに終わらせてしまうのである。

このことから得られる教訓は貴重である。近代科学の特徴として、しばしば実証性があげられるが、それは近代科学成立の必要条件ではあろうが、十分条件にはならない、という点こそ、吉益流の態度のもつ意義であろう。そして、山脇東洋は、たまたま手元にあった蘭書との照合を通じて、近代ヨーロッパ科学への道を準備できたのであろうと推測される。したがって、なるほど山脇流は、のちに吉益流と並んで古方家の二大流となるが、東洋に触発された蘭方医学への傾斜は、多くの門人を蘭方医へと走らすのである。そして、門人ではなかったが、東洋門下の同僚を友人にもつ杉田玄白も、またそういう人びとのなかのひとりであった。

『解体新書』

玄白と前野良沢（別名蘭化――オランダぐるいというあだ名をそのまま自ら号したと言われる）、それに中川淳庵《じゅんあん》とが、「眉《まゆ》とは目の上にはえる毛である」というわずかな蘭語の一文に丸一日かかっても訳がつけられない、という惨憺《さんたん》たる状態から出発し、ドイツ医家クルムスの『解剖図譜』の蘭訳版『ターヘル・アナトミア』を訳すことになったのも、やはり、一七七一年、千住小塚原《こづかっぱら》での刑死人の解剖に立ち会ったことがきっかけであった。この解剖も、玄白たちは直接メスを握らなかった。しかし東洋の場合と同じように、玄白たちは、以前偶然手に入れてもっている自分たちのオランダ解剖書（おそらく東洋の入手したものと同じではない）の記事と、目の前に見る死体の内臓の有様とが、みごとに合致することを知った。「今日の実験には一々驚き入る。かつこれまで心づかざるは恥ずべきことなり。いやしくも医の業をもって互いに主君に仕える身として、その術の基本とすべき人間の形態の真形も知らず、今まで一日一日と此の業を勤め来りしは面目もなき次第なり」という感想をもった玄白たちは、この解剖書をどうしても訳さねばならぬ、と考えた。この解剖書が、ほかならぬ『ターヘル・アナトミア』であったのだ。

『解体新書』翻訳の影響

『解体新書』の内容や、その成立の苦心談などは、すでに詳しく書いた本も多いので、ここではあまり触れない。ただ、その遺《のこ》した諸結果を簡単に述べておこう。玄白たちの激しい熱情は、三年ののちに実って、一七七四年に出版にこぎつけることができた。けっして満足すべきものではなかったにしても、この訳書、およびそれに伴う一種の蘭学運動――このころの苦心談をはじめ、その一生を振りかえって、晩年に書かれた玄白の『蘭学事始』（時の政治批判にまで鋭い舌鋒《ぜっぽう》が及んでいるので、当時は出版されず、玄白の死後五〇年余りたった明治二年に至ってようやく、福沢諭吉の手で上梓《じょうし》された）によれば、「蘭学」ということば自体もこの翻訳活動のなかから生まれてきたものである。それ以前は蕃学《ばんがく》、紅毛学という語が比較的一般的であった――は、日本の西欧科学の受容史のなかでもきわめて大きなエポックを形成した。

その影響はもとより、医学界のみにとどまらなかった。もっとも、医学に話を限っても、本木良永の『太陽窮理了解説』がそうであったように、この『解体新書』は、神経、盲腸、十二指腸、軟骨のように、現在でも使われている多くの訳語を残した。したがってそのこと

図14　杉田玄白

図15　杉田玄白が訳した、オランダの医学書『ターヘル・アナトミア』

のみをとっても、彼らの苦心の結果の後世への影響がよくわかるのである。しかしもっと本質的な点は、玄白らの翻訳活動そのもののなかに含まれていた。

蘭学運動

すでに述べたように、この翻訳は、杉田玄白、中川淳庵、前野良沢らの手になる共同訳述である。なかで最もオランダ語の知識のあったのは、自ら蘭化と称するほどの良沢であった。それにしても〝眉とは……〟の一文に一日をかけても訳せないのであるから、たかが知れている。玄白に至っては、アルファベットさえ満足に知らなかった。その状態での翻訳は、今から思えば愚かとも形容のつかぬほどのドン・キホーテ式の企てであった。

図16　前野良沢

しかしその熱意は、他人の注目を惹かないはずはなかった。翻訳活動の最中、その運動は、単なる医家たちのみならず、聞き伝えてやってくる多くのオランダ（に代表されるヨーロッパ）科学傾倒者たちの中心となった。『解体新書』にも名を連ねている桂川甫周《ほしゅう》をはじめ、石川玄常《げんじょう》、嶺《みね》春泰《しゅんたい》、桐山正哲《しょうてつ》らが熱心に協力したほか、この学統を慕って、すぐれた学者が数多く同人、門下に馳《は》せ参じた。そのなかに、大槻玄沢、宇田川玄随《げんずい》、稲村三伯《さんぱく》、橋本宗吉など、ヨーロッパ科学との関係において忘れることのできない人物が含まれていた。

育つ蘭学者たち

大槻玄沢（磐水）は、東北地方でその名をうたわれていた蘭方医建部《たけべ》清庵の弟子であったが、才能をみこまれて、玄白のもとに留学させられた。玄沢はその後長崎にも遊学し、江戸に帰って蘭学の塾である芝蘭堂《しらんどう》を作り、玄白の跡継ぎの役目をみごとに果たしていく。さきに天文学に関して触れた洋画家兼蘭学啓蒙家の司馬江漢もこれに学んだ。それゆえ玄沢は、専門の医業よりも、蘭学の啓蒙教育に力を注いだわけであり、日本で最初のオランダ語の体系的解説入門書『蘭学階梯《かいてい》』を出版（一七八八年）して、その後の蘭学発展に大きな影響を与えたほか、一七九四年以後、毎年太陽暦を使って新年（太陽暦としてはこの日から一七九五年）宴会を開き、世間に物議をかもすなど、さまざまなエピソードがある。この芝蘭堂の太陽暦による正月は、オランダ正月と俗称されたが、すでに触れた明治六年の太陽暦採用に先立つこと八〇年であった。

宇田川玄随（槐園）は、津山藩の医家であって、藩費をもって『内科撰要』を蘭書（ヨハネス・ゴルテル著）から訳出した人物である。今まで外科に集中されていた蘭方医の注意を、あらためて蘭方医学の内科の領域にも向けさせるのに大きな功績となった。彼の一族は、その養子玄真（榛斎《しんさい》）——やはり蘭方の内科医として著名であり、養父の『内科撰要』の改訂も行ない、その改訂版は大流行したといわれる。また化学、薬物学にも造詣が深く、『和蘭薬鏡』などを著わした——や、その養子榕庵《ようあん》——博物学者として随一の名声を得、『菩《ぼ》多尼《たに》訶経《かきょう》』（植物学）、リンネの分類法をしるした『植学啓原』、『動学啓原稿』などのほか、化学教科書である蘭書（原本は、ウイリアム・ヘンリーの『初学者のための化学』〈一九世紀初頭〉の蘭訳版である）の翻訳として名高い『舎密《せいみ》開宗《かいそう》』によって高く評価されている。またファーレンハイト（華氏）とレオミュール（列氏）の温度対照表なども自分で考案している——など、蘭学の最高峰として知られる学者を輩出したのである。

『江戸ハルマ』と俗称される、日本最初の蘭和辞典を作った稲村三伯も、この芝蘭堂出身である。これは、オランダ人ハルマの蘭仏辞典の翻訳であり、一七九六年に木版で、わずか三〇部を印刷出版したものであったが、のち『訳鍵』と呼ばれる版が出て普及する。

橋本宗吉（曇斎《どんさい》）は、大坂の傘絵《かさえ》職人であったが、芝蘭堂に入塾、ついに医業を営むに至ったといわれる。翻訳に傑出し、種々の蘭書からの記事を集大成した『西洋医事集成宝函』（一八一九—一二三）は、単に解剖学や外科治療法のみならず、化学薬品の解説、その薬理などに関するものまで集められている大冊である。また宗吉は、平賀源内のようにエレキテル（摩擦電気発生装置）を製作したが、そればかりでなく、電気に関する系統的な一連の実験

（フランクリンの凧《たこ》揚げに類似のものも含め）を行ない、『阿蘭陀始制エレキテル究理原』を著わした。

軽薄な蘭癖

以上わずかな展望でもわかるように、杉田玄白の播いた江戸における蘭学の種子は、みごとな大木に生長し、葉を茂らせたわけである。しかし、その茂りぶりは、玄白の期待とは必ずしも一致しなかった。

すでに橋本宗吉あたりの例が多少とも暗示しているように、蘭学は、啓蒙が行き届いて一般のなかに拡散していけばいくほど、学問からは遠くなっていった。古方家の実証的精神を受け継ぎ、しかもその実証一点張りのドグマを抜け出し、経験的知識と基本体系を形作る理論との融合――それこそ、西欧の近代科学を興した最も大きな動機であった――を目ざして、蘭学研究に走った玄白たちの精神を、いわゆる「蘭癖」のなかには見出すことが困難になった。

なるほど、一九世紀にはいると、オランダ語を曲がりなりにも解する人は、格段にふえ、司馬江漢ら啓蒙家の活躍によって、江戸の人びとも、地球が太陽の周囲を巡るのだ、ということを、なんとはなしに理解したし、オランダを通じてはいってくるヨーロッパ医学（すでに注意深い読者はお気づきであろうが、蘭学期には本木良永、杉田玄白以下、きわめて多くの蘭書が邦訳されたが、その蘭書の内容は、ほとんどが、オランダのオリジナルなものではなく、イギリス・フランス・ドイツなどで書かれたものが、オランダ国内で蘭訳されたのち、それを再び邦訳する、という手続きが踏まれている。これは、もとより、日本が鎖国時代に門戸を開いていた唯一のヨーロッパ国家がオランダであったことに由来するが、〝蘭学〟という語が、〝オヽラヽンヽダヽの科学〟ということを意味する、というともすれば陥りやすい誤解の種子ともなっている。「蘭学」は実は「ヨーロッパの学」の意である）の恩恵にも浴するようになった。オランダ船に舶載されて来るさまざまな珍しい器具、たとえば、エレキテル、顕微鏡、避雷針、電気治療器、立体鏡などに日常的に接することもできるようになった。自分が「舵《かじ》もない船で大海に乗り出したように、呆然《ぼうぜん》として手の施しようもなく、ただあきれにあきれるほどの状況であった『解体新書』翻訳着手のころと比べれば、わずか三〇年あまりの間に変われば変わったものだ」、と玄白には思われた。

玄白はしかし、ここで啓蒙家の喜びと同時に悲哀を味わうのである。一般の人びとの浮き草のように根のない「蘭癖」、「紅毛かぶれ」に、自分の志と異なる方向を見つけて憂える晩年の玄白の心情は、

「前野良沢、中川淳庵、翁（玄白）と三人申合せ、かりそめに思ひ付きしこと、五十年に近き年月を経て、此の学海内《かいだい》に及び、そこかしこと四方に流布し、年毎に訳説の書も出づるやうに聞けり。これは一犬実を吠《ほ》ゆれば万犬虚を吠ゆるの類にてそのうちにはよきもあ

しきもある（べし）。」

というような『蘭学事始』のことばに切々と訴えられている。

こうして江戸末期の蘭学は、一方では、ほとんど意味のない流行趣味や好事家《こうずか》の慰みものに堕してしまった。しかし、それと同時に、一方において、幕府を中心とする政策的な蘭学、および、新しいエネルギーを秘めた、蘭学を乗り越え、広くヨーロッパに目を開いた運動――便宜上洋学と名づけよう――が興りはじめていたのであった。

第五章　幕末期の西欧科学

一　洋学への傾斜

相つぐ外圧

蘭学の一つの流れが、幕府の手に移ったことは、一八世紀の終わりから一九世紀初頭にかけて、相ついで太平日本を襲ったいわゆる〝外圧〟と無関係ではない。その最初は一七九二年、ロシアのラクスマンが通商を要求して根室に来航したのが皮切りであり、同じく一八〇四年レザノフが再び長崎に現われ、これを拒否した幕府に対する報復措置として、ロシア側は、一八〇七年、エトロフ、樺太を攻撃するという挙に出た（このとき奮戦するのが間宮海峡発見で有名な間宮林蔵である。林蔵は、上層部のだらしなさと外国人に対する反発から、のちにシーボルト事件の直接の告発者となり、その後も幕府隠密《おんみつ》として、各藩の実情と蘭学者グループの探索に生涯を終えた）。

翌一八〇八年には、イギリスのフェートン号が長崎に禁を犯して侵入、暴行を働く、という、いわゆる「フェートン号事件」が起こる。この二つの事件で、太平の惰眠をむさぼっていた日本の武士たちは、まったく対抗する術《すべ》を知らずに敗退する。両事件とも指揮官が自殺してその責めを負うが、事態はそれで済むわけではない。

ここに幕府のなかには、この種の外圧に対抗するための最善の策として、ある程度、蘭学を主体とするヨーロッパの知識を活用する必要があることを悟る人びとが現われはじめた。したがって、なるほど蘭学興隆のきっかけをつくったものとして、為政者である吉宗の示した施策が重要であるにせよ、蘭学発展初期の段階では、その運動の担《にな》い手は、すでに見たように、民間の篤学家が多かったのに対し、一八世紀末あたりを境にして蘭学の主流は、為政者の側に移るのである。それは、すでに天文学に関して触れた高橋至時の、幕命によるランデ暦書翻訳あたりからはっきりしてくるのである。

官製の蘭学

とくに、一八一一年にいたって、浅草暦局のなかに、「蕃書和解御用」という蘭書翻訳専門の部局が設置され、大槻玄沢をはじめ、当時有数の蘭学者を招いて、組織的な蘭書翻訳に乗り出した。また、同じく幕命によって当時の天文方、高橋景保《かげやす》（至時の長子。景保の語学の才はずば抜けていたらしい。蘭・露・満州語などを理解し、自らグロビウスという洋名を使い、会話にしばしば蘭語をまじえ、役所に出てくると〝オランダ人が参りました〃とあいさつしたという。この一種の軽薄さ、慎重さの欠如が後述のシーボルト事件に連なる）は、長崎のすぐれた蘭学者馬場貞由《さだよし》（佐十郎）の協力を得ながら、世界地図の編纂に着手し、一八一〇年『新訂万国全図』として完成した。もちろん、この地図の基礎となったのはすべて蘭書からの知識であった。

これに並行して、伊能忠敬が、日本地図作製のために行なった測量はすべて自弁の費用によってまかなわれてはいたが、それは各地の大名に警戒心を起こさせないため（それでも一部の大名は、忠敬を幕府の隠密視した）の方便であったのではなかろうか。忠敬の弟子たちは一八二一年、師の労作『大日本沿海輿地全図《だいにほんえんかいよちぜんず》』とその実測録一四冊のすべてを幕府に献じている。こうして、幕府は、日本と世界の地図の整備という、国防上最も基礎的な問題を、蘭学者を動員（忠敬を蘭学者と呼ぶことには多少の抵抗があるかもしれないが、系譜的には、すでに触れたように、高橋至時の直弟子に当たる）して成し遂げたわけである。

この幕府の翻訳局の活動はめざましいものがある。せっかく長崎から招いた馬場貞由を江戸にとどめておきたい、という実際的な希望もあって、当時きわめて評判の高かったショメール（一七〇九年仏版）の百科全書の蘭訳版（一七七八—八六）の翻訳が実行に移される。この大部の書物は『厚生新編』として徐々に出版されるが、その内容は、「一般の民衆にもよく理解できる形」で、種々の産業、鉱業、技術などの実用的知識を与えることを目的としていた。けっきょくこの翻訳についての幕府の意図は、ヨーロッパ科学技術の実用的な面を一般大衆に啓蒙することによって、殖産興業を図り、基礎的なエネルギーの蓄積を推進することにあった、と見ることができよう。

この『厚生新編』は、もともとが百科全書であり、各項がアルファベット順に並んでいるが、それを、だいたい学科的にまとめて訳出したもので、大部分は、実用的教科書としての性格を抜け出なかった。しかし、とくに日本で当時遅れていた分野では、初めて与えられた手引書として、重要な役割を果たした。たとえば、宇田川榕庵が訳を担当した『昆虫通論』は、日本で最初の昆虫学書となった。

一方、外圧に対抗する幕府の政策の直接的な表われとしては、カルテンの、艦用砲術書の蘭語版からの翻訳『海上砲術全書』などもあり、あわただしさを加えていた国際情勢のなかで幕府が蘭学に期待した事がらの一端を如実に示している。

体制批判の芽を摘む

このように、蘭学を自らの手に完全に掌握してしまおうとする幕府の努力は、これまで述べてきたように、その実用的な利点を殖産興業、海防に利用する、という理由にささえられていたが、そしてその態度は、ヨーロッパの学問を、形而下の問題にすぐれている、という受け取り方をした新井白石以来の為政者の伝統ともなってはいたが、実は、もう一つの重要なねらいが隠されていた。そのねらいとは、蘭学の研究によってはぐくまれる（可能性のある）封建体制への批判の芽を、幕府の手に蘭学研究の本流を握ることによって、未然に摘みとる、ということであった。

それは、一八世紀末の寛政の改革を遂行した松平定信の、蘭学に対する考え方のなかにはっきり読みとることができる。「ヨーロッパの学問は理に強い。天文・地理・兵器・医学など利点も多い。しかし、好奇心をいたずらにそそったり、具合の悪いことなども出てくる。禁ずることはむずかしいし、善用すれば利益も大きいから、自分の手もとに蘭書をどんどん買い集めれば、一般の人びとにみだりに読まれることもなく、好便であろう」と定信は言うのである。ここには、ようやく定着しつつある蘭学が当時の為政者にとって、具合の悪いもの、危険なものをはらんでいることを敏感に感じとった為政者側の細かい配慮を見ることができよう。そして、幕府のこのような危惧《きぐ》は、すでにいくつかの具体例に裏打ちされたものであった。

政策批判

その具体例の最も顕著な例は、一七九二年に松平定信の行なった林子平《しへい》処分である。すでに定信は、きわめてきびしい出版統制に踏み切っていた（たとえば、後述の伊藤圭介『泰西本草名疏』には、印刷のでき上がりと一字一画異ならないような筆者の原本が残されているが、これは出版前に検閲を受ける必要から作られたものであった）が、一七九一年に出版された子平の『海国兵談』は、ヨーロッパ人からの伝聞や蘭書からの知識に基づいて、ヨーロッパ、とくにロシアの南下政策を論じ、それに対する日本の為政者の無策を憂えるものであった。これが、定信の目には、蘭学の素養に由来する政府批判と映った。子平は、自宅謹慎を命ぜられることになったのである。

この時期に幕府が、蘭学を「公学」として扱いはじめたことはけっして矛盾ではなく、このような蘭学を野に放しておくことの危険を悟ったからにほかならない。ところが、蘭学のもたらした最初の大きなショックは、思いもかけず、幕府のおひざもと天文方の高橋景保を中心人物として巻き込んだシーボルト事件として現われたのであった。

当時の外国人科学者

江戸時代は、もとよりきびしい鎖国の時代であり、キリシタン禁制以後、何人かのキリシタン系外のヨーロッパ人を科学普及の恩人として迎えているが、彼らと一般人との接触はきびしく禁じられており、出島を出ることも自由にはならず、将軍謁見の名目で江戸に出府する際にも、厳重な見張りが付されていた（松平定信の時代に、この制限がさらに強められたことにも、幕府の蘭学警戒の傾向が表われている）。しかし、通辞はもちろん医師や官許の人びとは、こういったヨーロッパ人（名目的にはオランダ人以外にはありえなかったが）に教えを請うことができた。初期の蘭学関係者がほとんど通辞と医者で占められているのは、もちろん語学や教養のゆえもあるにはちがいないが、主としてそういう理由からであった。たとえば、初期には蘭医カスパル・シャンベルガー（一六四九年来日）が長崎にあって、蘭方医学の源流を作ったたし、同じころやはり蘭医のカッツ、ダンネルらも、カスパルと並んで蘭医方の普及に力を尽くした。カッツの系統には、『解体新書』の桂川甫周などがいる。

しかし、全体として考えてみれば、科学普及の最大の恩人の多くは、けっしてほんとうのオランダ人ではなかった。このことは、日本に移入翻訳された蘭書の多くのものが、蘭訳版であって真正の蘭書でなかったことと思いあわせると興味深い。

本草学での事情

いわゆる本草学から博物学への系統においてとくにこの傾向は著しい。一六八二年に、日本の動植物研究のためドイツ人クライエルが、一六九〇年には同じくドイツ人ケムプファー（通称ケンペル）が、一七七五年には分類学と二名法で有名なリンネ（リンネウス）の高弟スウェーデン人のツンベリーが、そして一八二三年にドイツ人医学者シーボルトが、それぞれ来日している。

本草学というのは、もともと漢方で、薬の本として草を用いることに由来する学問であるが、薬としての動物、鉱物なども古代中国以来、もちろん本草学のなかに含められていた。中国本草学は、すでに平安中期に、『新修本草』や『神農本草経』などとして移入されてい

図17　ツンベリー

図18　宇田川榕庵『植学啓原』から自写したボケの図（ローマ字も自署）

たが、「薬理を欠く経験的な薬学」という概念が当たるであろう。

江戸時代にはいって、この薬学はしだいにその範囲を広げ、中国本草書や農業書などの漢籍（たとえば、『本草綱目』、『天工開物』）の印刷とともに、日本での動植鉱物の人為的な分類や漢名和名の対照、育種園芸や特産品などの産業的なものに発展しはじめた。貝原益軒の『大和本草』（一七〇九年発刊）はその前者の好例であり、稲生若水《いのうじゃくすい》らが半世紀（一六九七—一七四七年）にわたって編んだ『庶物類纂』は後者の例である。しかし、これらは内容から推測されるように、ヨーロッパ科学の影響を受けているものではない。

それらが、博物学（生物学）的な体系に組織化されるには、どうしてもヨーロッパ科学からの体系の導入が必要であった。クライエルやケムプファーは、主として、日本の動植物の研究と、日本の事情をヨーロッパに伝えた（後者の『日本誌』（蘭語版）一七三三年刊は有名で、志筑忠雄の『鎖国論』や、問題の高橋景保の『蕃賊排擯訳説』は、その部分訳である）のに対し、ツンベリーは『日本植物誌』（一七八四年）など、ヨーロッパに日本の生物の学問的紹介を行なった業績もさることながら、自ら直接教えを請うたリンネの植物学体系を日本に伝えることに力を尽くした。

宇田川榕庵・伊藤圭介はその学統を受け継ぐ最もすぐれた学者であり、榕庵の『菩多尼訶経』（一八二二年）、『植学啓原』（一八三四年）は、日本の植物学上きわめて重要なものであり、伊藤圭介の『泰西本草名疏』（一八二九年）は主としてツンベリーの『日本植物誌』の部分的抄訳である。

シーボルト事件

このあとを受けて来日したシーボルトは、医師であったが、六年半にわたる滞日中、長崎市外鳴滝《なるたき》に塾を開き、日本の動植物の研究、江戸に出府して蘭学者の指導と、精力的に働き続けた。それはオランダ当局（シーボルトはドイツ人であるがオランダの東インド会社の要請で来日したのである）の意図するところでもあった。多かれ少なかれシーボルトと交わり、その影響下にある学者は、ほとんど江戸末期の名のある学者の全域にわたっている。そしてそのうちの何人かは、直接明治の維新業遂行の原動力となっている。

そのシーボルトは、江戸で高橋景保に会い、景保は、シーボルトのもっていた『フォン・クルーゼンシュテルン世界周航記』(樺太東岸の模様が描かれていたため、といわれる)と蘭領東インドの地図と、伊能忠敬の「日本沿海測量図」の写しを交換した。一八二八年任期満了でヨーロッパに帰ろうとするシーボルトの荷物を載せた船が難破して吹きもどされた際、この荷物が、間宮林蔵の手になる景保、シーボルトらへの秘密の探索と密告に基づいて調べられ、そのなかに国禁の葵紋《あおいもん》入り服などが発見され、それに続いて地図の件が発覚したのである。シーボルトは国外追放(シーボルトは帰国後著わした『日本記』のなかで、密告

図19　シーボルト

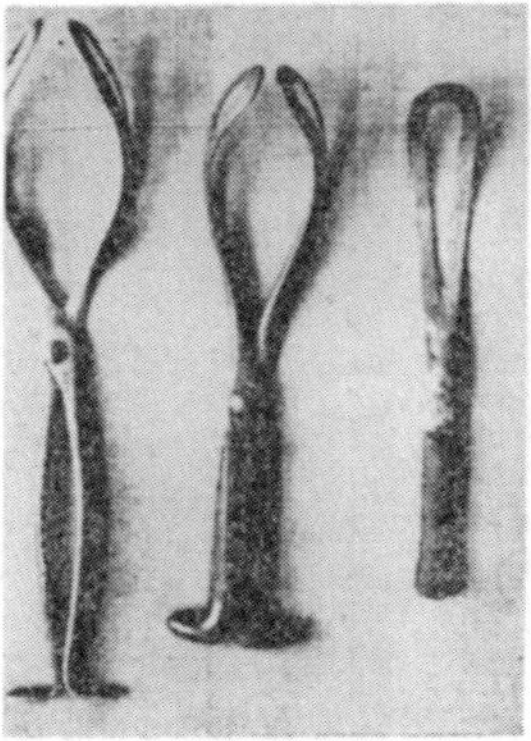

図20　シーボルトがたずさえてきた産科用器具

者林蔵の間宮海峡発見に触れ、世界はそのため初めて樺太が大陸と続いていないことを知った）、景保は下獄した上に牢死《ろうし》する、という悲劇的結末を招いた。

このシーボルト事件は、幕府のおひざもとで起こった事件だけにショックも大きく、また蘭学のもつある種の「危険性」を世人に印象づける結果になった。それでなくても、一部の軽薄な蘭癖に眉《まゆ》をひそめる人びと、また蘭学に学問的権威を奪われつつあった儒家や仏僧、それにようやく盛んになりはじめたいわゆる水戸学派を中心とする攘夷論者などに絶好の口実を与えることになった。しかしこの事件は、もとはと言えば景保の軽率さから起こったことであり、歴史的意義は、ほぼ一〇年の間を置いて勃発した「蛮社の獄」のほうがはるかに大きい。

蛮社の獄

「蛮社の獄」事件そのものについては、すでによく知られているし、詳細な研究も上梓（たとえば佐藤昌介『洋学史研究序説』岩波書店）されているからここではその概観に簡単に触れておくにとどめよう。事件は、一八三九年に起こった渡辺崋山、シーボルトの直弟子高野長英らを中心とする蘭学研究グループが、幕政批判などの容疑で罪に問われたものである。罪状のなかには、小笠原無人島へ脱出を企て、ゆくゆくは海外へ渡航することをも考えていた、というくだりがある。

図21　高野長英

図22　渡辺崋山

このころ、イギリスはようやく日本に対して興味を示しはじめ、漂着日本漁民の返還を口実に、アメリカ国籍のモリソン号を使って一八三七年江戸湾にはいり、一方別の一隊は、太平洋圏貿易の根拠地のために、小笠原諸島（無人島）を占領しようと測量を続けていた。モリソン号は非武装船であったらしいが、小田原藩、川越藩のへたくそな砲撃にあい、沖合いに避退し、けっきょくあきらめて去った。国内では漂着漁民の処置のためにどのような対策を立てるかで対立が生まれた。もし再びモリソン号（その他の異国船を含め）が現われたときは、即座に有無を言わせず打ち払え、という強硬策と、それに対する反対論であった。進歩的な知識人のグループと言うべき尚歯《しょうし》会の重要メンバーである高野長英は『夢物語』を、渡辺崋山は『慎機論』を書いて過激な強硬策を批判し、また幕府の機構内の進歩派江川英龍（太郎左衛門）も、強硬策反対を上奏した、と言われる。

洋学派と保守派

その後海防準備のための江戸湾測量に関し、目付《めつけ》鳥居耀蔵《ようぞう》と、代官江川との間に不和が生じ、この私怨《しえん》が、蛮社の獄の直接の因になった。鳥居は、一八四〇年アヘン戦争の報にゆらぐ日本の国防計画に関し、洋式の砲術採用を具申した高島秋帆《しゅうはん》を、新奇を好む蘭学者の愚策と攻撃したことからも判断されるように、きわめて保守的な人物であった。一方、江川は崋山、長英らと親しく、彼らは蘭学を単に好奇心や学問的探究心から学ぶのではなく、当時の世界情勢を摂取し、世界のなかの日本の行くべき道を見きわめる、という広い視野をもった進歩派であった。

このような状況のなかで、鳥居耀蔵の、尚歯会を中心とする蘭学——それは、従来の蘭学のスケールをある意味で越えている。以後「洋学」と置き換えて、従来の蘭学との違いを示そう——派追及が始まった。江川英龍のごとき幕府官吏も当然その対象になっていた。

結果的には、崋山は蟄居《ちっきょ》を言い渡され、一八四一年自殺、長英は下獄中逃亡し諸国遍歴ののち江戸に潜伏、一八五〇年露見して踏み込まれ自殺し、多くの武士が連座したこの大事件は、保守派の勝利に終わり、洋学をもって日本の将来を運用しようとする崋山らの意図は、幕府内の保守派の抵抗の前に屈することになった。

これは、幕府の蘭学に対する考え方の矛盾を示している。保守派の勝利は、蘭学は吉宗以来「天文地理医術」の実用的、技術的知識に限るべきである、とりわけ民間がみだりに蘭学を研究することは害になる、という一方の態度の確認を意味している。一方すでに見たように国防などの政治的な分野にまで、蘭学の知識を採用し、その科学的な成果を富国強兵に結びつけ、また世界的視野の拡大にも利用しようとする態度が、幕府のなかにも育ってきていたことも否定できなかろう。それは幕官の江川らが不問に付されたことにも表われている。けっきょく幕府のなかでは、外圧を前にして、蘭学＝洋学的視野を積極的に取り入れて対処しようとする進歩派と、これを旧来の蘭学の形で利用する以外には積極的意義を認めない保守派との対立的抗争の状況がすでに一八世紀末から起こっており、蛮社の獄は後者の最後の勝利となり、後者はこのとき勝ちはしたが、その後の海外情勢の伸展とあいまって、二度と権力を振るうことはできなくなってしまった。こうして、ヨーロッパ科学は、ここに初めて日本人の思考様式に、かなり根本的なところに迫るような改変を強《し》いたかのように思われる。これ以後、日本の支配者層は、幕府も、しだいに幕府の束縛から抜け出しはじめていた各藩においても、まず、殖産・興業・富国・強兵という、政治的に高度な目標を掲げ、その基礎に洋学を据えたのであった。

二　開国前後の西欧科学・技術

軍事技術化する洋学

蛮社の獄のケリが一応ついたあと、幕府の洋学及び外国に対する態度には、ある種の変化が現われた。一八四二年いわゆる異国船薪水令が出て、打払い令は撤回されたし、前述の高島秋帆の洋式砲術採用の献策は、同じ年江川英龍の申請によって許可され、高島流の洋式砲術は各藩の競って採用するところとなった。それと同時に、大砲鋳造のための反射炉（一種の溶鉱炉）構築も各藩で始められた。江川の伊豆韮山《にらやま》のそれは関東では著名であるが、江川はまた小銃用の雷管の発明に成功している。このとき江川を手伝った片井京助は、洋式元込め銃の輸入前に元込め銃を完成したと言われる。

しかし、洋式の新型武器購入については、幕府よりも、薩摩、長州、水戸など当時の強力藩のほうがはるかに熱心であったようで、このことが、幕府の戦力に少なからぬ影響を与えることになる。

いずれにしても、このころになると、洋学の担い手は、従来の医家や通辞たちから、純然たる武士階級に移りつつあった。したがって、ヨーロッパ科学は、福沢諭吉も言っているように、もっぱら、「武備の闕《けつ》」を補うため、つまり、軍事力の強化のために、利用されることになったわけである。その最もすぐれた例を薩摩の島津斉彬《なりあきら》に見ることができる。

島津藩の例

斉彬は、当時の大名のなかでも、宇和島藩の伊達宗城《むねなり》（脱獄中の高野長英を厚遇したことで知られる）や老中の阿部正弘と並んで、最も進歩的であった。彼は若いころシーボルトにも会っているし、曾祖父の重豪《しげひで》の「蘭癖」にも影響を受け、洋学に親しみ、それを通じて、ヨーロッパ科学による殖産興業、富国強兵の徹底策をとること以外に、将来の日本の進むべき道はないことを確信するに至った。

斉彬は、藩主を継ぐと同時に、一八五一年城内に製錬所（六年後開物館と改む）、五六年には開成所の設置を計画、すぐれた洋学者で幕末の名医家緒方洪庵《おがたこうあん》の同僚川本幸民《かわもとこうみん》、箕作阮甫《みつくりげんぼ》らを使って、軍事、科学に役立つ蘭書の翻訳を行なわせ（蒸気船製造法に関する『水蒸船説略』『造船製式』『造船図譜』などが残されている）、オランダ人との接触を通じて軍艦建造のみならず蒸気船の造船にまで乗り出した。この蒸気船はペリーの艦隊が浦賀に入港した翌々年（一八五五年）に完成している。

もちろん反射炉の建造にも熱心で、それに費用の糸目をつけない斉彬を心配した家臣に対し、「日本の情勢は険悪であり、数年もすれば必ず乱世になるであろう、その時のためには武器はいくらでもほしいし、もし余ったとしても、アヘン戦争などで苦しみ、今後も前途多難な中国でも武器が必要であろうから、中国にも売れるし、また日本の他の大名たちにも売れる。心配することはない」という意味の、きわめてスケールの大きな発言をしている。

また綿布の紡織の工業化を図って、最新式の機械をオランダから輸入している。もっともこれは、斉彬自身の目には失敗に映った。つまり綿花の供給が生産力に追いつかなくなってしまったことと、多くの失業者が出たこととによって、斉彬は、この計画を縮小せざるを得なかったのである。社会体制が整う前に新しい体系が導入されたときに起こる矛盾を、斉彬は身をもって体験したことになる。

図23　島津斉彬

斉彬のこのようなヨーロッパ科学を使っての殖産興業、富国強兵策（斉彬の趣味的な面として、写真に凝ったことはよく知られている。また、日本としての船印に、「日の丸」を使うことを具申したのも斉彬である。明治三年これが国旗に制定される）は、日本全体としてすでにあげてきた蘭学の水準の上に打ち立てられたものであり、またそれを越えた洋学的発想に由来しているが、それはそっくりそのまま、明治維新政府の施策に実現されている、と言えよう。その意味では、斉彬在位中の島津藩の治政は、明治時代のひな型とみなすことができるのである。

図24　勝麟太郎（海舟）

図25　勝麟太郎が使用した測量器具

激動期の洋学

この間、ペリーの入港（一八五三年）、日米和親条約の締結（一八五四年）となり、攘夷と開国に国論を割りながら、けっきょく二〇〇年の鎖国の壁は開国に向かって一挙にくずれ落ちた。幕府は、このような新しい激動期に当たって島津藩の積極策にならい、一八五三年以来、オランダに軍艦、武器などをしきりに発注し、また、長崎に海軍伝習機関を設けてオランダ海軍軍人を招き、軍事教練に当たると同時に、一八六二年、内田恒次郎、榎本釜次郎（のちの軍艦奉行で、北海道まで退いて幕府最後の抵抗を果たした武揚《たけあき》）らをオランダに留学させた（海軍伝習の第一回生のひとり勝麟太《りんた》郎《ろう》〈海舟〉は、条約批准使節とともに一八五七年オランダから買い入れた新造軍艦咸臨丸《かんりんまる》に乗ってアメリカに渡ったが、これが開国後初の公式海外渡航であった〈一八六〇年〉。この随員のひとりに福沢諭吉の名が見える)。この留学はいくつかの画期的な成果を上げた。なかでも留学生一行のなかに、津田真一郎(真《ま》道《みち》)、西周助(のち周)が加わっていたことは大きな意味をもっていた。

この留学にいたるまでの道において、幕府は一八五五年、すでに述べたように、長崎に海軍伝習所を設けたが、これに医学伝習を併設し、オランダ海軍軍医のポンペ・ヴァン・メーデルフォールトに依頼して、医学教育を組織化し、またこれに伴って洋式の病院が建てられた。アルメイダの大分病院以来三〇〇年後に、日本に初めて、洋式の医学の組織的体系的機関が生まれた(この後身が現在の長崎大学医学部＝旧長崎医科大学＝である)。

なお同じころオランダ海軍の機関科士官ハルデスの手で、長崎に造艦・修理のための工場も組織されている(のちの三菱長崎造船所である)。このように、幕府は進歩派の老中阿部正弘の手で、日本の将来の運用には、ヨーロッパ科学を組織的に修得した人物に任す以外には術がない、という基本的見通しのもとに、さまざまな洋学教育機関を設置したが、江戸においても、洋学者の組織である浅草暦局の蕃書和解御用を、一八五五年に洋学所と改め、さらに翌年蕃書調所と改称し、ヨーロッパ各国の軍事、制度、経済など、実用書を集めて研究・教育する機関として大規模に拡大させた(後述のごとく、これがのちの東京大学である)。そして勝麟太郎、箕作阮甫、川本幸民、やや下って加藤弘之、西周、津田真道、神田孝平《たかひら》らのすぐれた洋学者を教官に招いたのである。

自然科学より広い視野

一八六二年には、遣欧使節がフランス、イギリス、オランダ、ドイツ、ロシアを訪問、福沢諭吉はこのとき福地源一郎、松木弘安（のちの外務卿寺島宗則）らとともに再びこの一行に随行、ヨーロッパの思想風土に触れ、ヨーロッパ文化を単に実用の技術とのみ受け取ることの誤りに気づいている。しかし、海軍伝習生とともにオランダに留学した西や津田は、すでに蕃書調所における研究において、ヨーロッパの人文科学に強い興味を覚え、イギリス、

図26　ポンペ

図27　西周

アメリカの文物を研究することを熱望していた。

　これは、ヨーロッパの学問を形而下の「技術」としてみなす態度（新井白石以来のこの伝統は、幕末期佐久間象山の「東洋道徳・西洋芸術」のことばに集約された。しかし、一九世紀半ばに出た独学の蘭学者帆足万里《ほあしばんり》の有名な『窮理通』——一度半分出版され、そののち原稿のまま残されたが、種々の蘭書からの訳述を編んだ物理学書——には、すでに人文・社会科学への志向を見出すことができる、という説もある）からの脱却であると同時に、ヨーロ

図28　佐久間象山

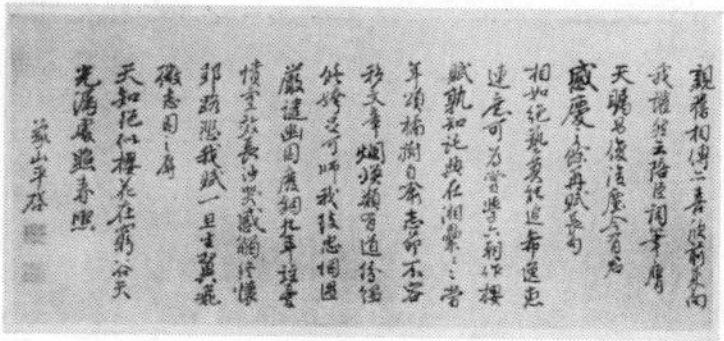

図29　佐久間象山の書

ッパ＝オランダという江戸時代の人びとの考え慣れた思考様式からの脱却をも示している。

こうして西、津田は、留学先こそオランダではあったが、ライデン大学で、日本人として初めてヨーロッパ一般の人文科学を学んで帰るのである。それが、本書の最初の章で述べた西の〝哲学〟という造語にも無関係でないことは言うまでもなかろう。こうして、一八六〇年代初期から、ヨーロッパ文化を代表する門戸としてのオランダの権威は、みるみるうちに下落し、これに代わって英、米、仏がその地位につくようになる。これはまた同時に、日本の当時の外交関係の如実な反映でもあった。

英仏がオランダに代わる

この傾向は幕府だけではない。長州藩では当時勇ましい攘夷のかけ声が強く、一八六三年には外国船砲撃事件が起きているが、藩政の重鎮村田蔵六（大村益次郎）らは、幕府の禁を犯して攘夷派の逸材志道聞多《しじもんた》（井上馨）、伊藤俊輔（博文）らをイギリスに送り、攘夷派の勢力削減を策し、事実彼らは海外情勢に実際に接してたちまち開国論者に早変わりしたし、薩摩藩でもすでに斉彬は死んでいたが、やはり国禁を犯して、すでに一度ヨーロッパの地を踏んだことのある松木弘安をはじめ、森有禮《ありのり》（のちの文部大臣）ら一九名をイギリスに留学させている。このとき薩摩の留学生は、斉彬の遺志を継いで、産業革命後のイギリスの優秀な紡織機械を大量に買い込み、プラント一式や技師、設計家とともに鹿児島に導入し、日本で初めての紡織工場を稼働《かどう》させたのである。

国禁を犯してまで（このころ幕府の長州討伐が起こり、やがて薩長二藩は連合して討幕に進む）留学生を派遣した薩長二藩がともに、四ヵ国連合艦隊の下関占領と薩英戦争で、イギリスをはじめヨーロッパ諸国に完敗しているのは、歴史の皮肉であろう。逆に考えれば、薩長二藩の攘夷派はこの二事件でまったく衰退し、開明派の主張が高価な犠牲を払った上で確認された、と言うこともできよう。それが明治維新推進の一つの動機ともなったのである。

さらに、当時最も攘夷論の強かった水戸藩でさえ、藩主斉昭を筆頭に懸命に造船と大砲の鋳造に力を注いでいる。そしてそれには、あえて大きらいなヨーロッパ科学技術の積極的導入も辞さないという態度をとった。いわば毒をもって毒を制するのたぐいである。

そしてこうした各藩での大砲の鋳造や造船の技術修得（それは単にそのことのみにとどまらず、すでに述べたような反射炉などを通じて工鉱業をも大いに振興した）こそ、のちに明治維新後の日本の工業の急速な近代化を遂行する大きな原動力となったことを見のがすことはできない。

幕府の対策

一方幕府も、薩長の対英接近に伴い、イギリスと利害関係の対立するフランスと積極的に結び、咸臨丸でアメリカに渡ったことのある小栗忠順《ただまさ》（上野介《こうずけのすけ》）を中心に、フランスの力を借りて江戸近辺に造船所、工廠《こうしょう》の設置を図った。長崎の造船所は僻遠《へきえん》であり、幕府としては江戸に近いことが望ましく、フランスとしても極東政策の根拠地として江戸近辺が好便であったところから、横須賀と横浜に大規模な工廠と造船所が計画された。横須賀の工廠は、幕府の手では完成を見ず、のち明治四年（一八七一年）に新政府によって竣工《しゅんこう》された。

すでにこのころになると、幕府内の進歩派（たとえばこの小栗忠順）には、フランスと結ぶことによって、イギリスをバックに戦備を整えつつあった西南雄藩の薩長を抑圧し、さらにフランス式のまったく新しい絶対主義国家体制を築き上げよう、という日本の将来への幕府側の壮大な青写真が浮かび上がってきていた。幕府は、陸軍の兵式にフランス流を採用し、海軍のそれはイギリスのパークス公使の怒りをなだめるためにイギリス流を取り入れて、洋式の軍制を整え、また蕃書調所を洋書調所に（一八六二年）、さらに翌年開成所に改組して陸軍奉行、海軍奉行をここに統一するなど、一連の施策を実行に移し、青写真のための布石は着々と打たれていた。

このような幕府側の完全な体質改善が遂行され、成功することを恐れた朝廷側の一部公卿は薩長土肥を語らって討幕の軍を起こす。こうして、よく知られた経過で徳川封建体制は敗れ去り、薩長を主体にする明治新政府が登場する。

一般に、幕末の幕府の施策は保守的・反動的であったと誤解されやすいが、これまでの記述が明らかにしているように、阿部正弘以来総じて進取的であり、陸海軍の兵制や横須賀造船工廠や開成所など、ヨーロッパ科学技術の導入にもきわめて熱心であった。むしろこれらの積極策が幕府側の経済状態を予想以上に圧迫し、そのため幕府崩壊の時期をはやめたという見方もできよう。その意味では、幕府の打ちつつあったヨーロッパ科学技術の積極的な導入という手は、幕府の首を自ら絞めるものであった。しかし、それらの成果は、小栗忠順がいみじくも言ったように、徳川幕府のみごとな遺産として、新しい時代に受け継がれることになるのである。

第六章　明治期以後の日本と西欧科学

一　国策に使われる科学

外国人の働き

明治政府の基本的態度が、殖産興業・富国強兵である以上、ヨーロッパ文化、とくに西欧科学に対する姿勢は、幕末期の幕府のそれとひどくかけ離れていたわけではない。もちろんその規模においてすっかり異なっていたけれども、西欧科学・技術が殖産興業の手段とみなされていることには変わりはなかった。江戸時代長崎で細々と、日蔭のように行なわれていた外国人による科学教育が、政府のお雇い外国人教師として組織的に大規模に行なわれる。とくに新技術、工業の移入に関係ある工部省において、これは著しかった。

迅速な近代化が要求されていた当時、日本人が基礎から勉強していたのではまにあわない。もちろん、明治政府は多くの前途有為な青年を海外に勉強のために送り出したが、彼らが働いてくれるのは一世代あとである。そこで明治政府は、いわば「生きた器械」（これは、幕末長州藩から伊藤博文、井上馨らが密航によって欧州へ渡るとき、当時の長州藩の実力者で密航の企画者周布《すふ》政之助が実際に使ったことばである）として、工業のプラントを仕入れるように、破格とも言える高給を払って、外国人教師を多数雇い入れたのであった。「先進文化国と競争とまではいかなくても、追いつくまでにはすべての犠牲を払わねばならぬ。それには俸給の高価なことなど厭《いと》うどころではない。況《いわ》んや、そのため殖産興業が発達して国益が増進すれば」、という態度こそ、当時の為政者の心境であったろう。

　工部省関係の外国人教師として、ウィリアム・エアトンの例を引いてみよう。明治六年来日した彼の最大の功績は、明治一一年電池によるアーク電燈の技術紹介であり、これは日本最初の電燈となったし、また電気工学、とくに電信、電話などの技術開発に関してもエアトンは最大の恩人であった。

図30　エアトンによって作られた電流計（科学博物館蔵）

　こういった例はほとんど枚挙にいとまがないが、一方、このような外国人教師は、単に純粋の技術者ばかりでなく、明治国家の、近代国家としての組織造りのためにもまた雇い入れられたのである。法制、文部行政、軍制、財制、外交などあらゆる部門にわたって、ボアソナード、フェルベック（フルベッキ）、ロェスラー、マレイ、ド・ブスケー、キンダー、デニスら有能で献身的な外国人の助力が求められた。これらの人びとの努力がなかったならば、一五年ばかりの間に、官僚技術者によって運営される近代的な国家体制を造り上げることは不可能であったにちがいない。

幕末からの伝統

もちろん同時に忘れてならないのは、幕末期から洋学者として働いてきた学者たちである。蕃書調所関係の川本幸民は、『気海観瀾広義』（一八五一―五六年）をはじめ、物理学、化学関係の入門的な翻訳、著書を多く出版し、明治初年度きわめて広く読まれたし、福沢諭吉の科学啓蒙運動もよく知られている。明治政府の欧化政策に伴って、一般民衆の啓蒙対策は、政府の重要な課題であったし、また、それは一日もはやく、お雇い外国人教師を必要としない、科学者の自給自足が可能な状況を作り出すための道でもあった。こうして幕末から明治初期にかけての洋学者たちの活動は、「生きた器械」である外国人教師の活躍の場を準備するための啓蒙運動としてとらえることができるのである。

その最も顕著な運動に、明治六年に結成された明六社がある。これは薩摩藩からかつて密航渡欧した森有禮を中心に、西村茂樹、西周、中村正直《まさなお》、津田真道、加藤弘之ら一〇名の洋学派啓蒙思想家から成り、『明六雑誌』を発行し、とくに、今まであまり日本に紹介されていなかったヨーロッパの社会科学、人文科学の紹介に力を尽くした。

このような洋学者の啓蒙運動は、その能力上の制約からも、明治期のごく初めの部分で重要な役割を果たしたのみであるが、しかしそれが国家の施策の一端、そうでなくとも少なくともそれへの意識的な協力という形で行なわれたところに、後進国としての日本における西欧科学の発展の特色があった。このことは、当時の自然科学（のみならず、一般学問文化のすべての面でも言えることであるが）が、国家による営みとして、上から与えられる、というパターンをとったことを意味している。そしてその活動機関として、絶対的な権威をもったのが、諸帝国大学、なかでも東京（帝国）大学であった。

大学の役割

ここでヨーロッパの大学の成立過程を詳細に振り返り、その歩んできた歴史と日本のたとえば東京大学のそれとを比較することによって、日本の大学の特殊性を論じることは（最良の手段ではあろうが）むりであろう。しかし、そのアウトラインをながめておくことは、どうしても必要と考える。

ヨーロッパでの大学（university）の歴史はほぼ一三世紀までさかのぼることができるが、このuniという接頭語は今でこそcollege（単科大学）に対する〝総合統一体〟の意に解されているけれども、もともとは〝組合〟（union）を意味していた。つまり〝学問をする人びとの組合〃が大学であったわけである。したがって、大学は、りっぱな建物があり、りっぱな教授たちがいて、りっぱなカリキュラムが作られている、そのなかへ学生がはいって行く、そういった概念ではなく、教える者と教えられる者とが自発的な意志に従って結ばれ合い、その結果築き上げる共同体であった。一六世紀から一七世紀にかけて科学革命遂行に関係のあるような学者のほとんどが、なんらかの形で連なりのあったイタリアのパドヴァ大学を例にとっても、大学の学問的運営は学ぶ者の側に主導権があり、ハーヴェイなども、国外からの留学生たちの代表として、その運営に活躍した記録が残っている。

日本の大学

ここで東京大学の歴史を簡単に振り返ってみよう。図31に系統を示したように、その前身は、幕府の蕃書調所（もっとさかのぼれば天文方）である。つまり、この歴史が物語るように日本の大学は、その発端から（医学部の前身「種痘所」の最初の二年間を除けば）つねに政府の政策実行のための〝官学〟であり続けたのである。とくに明治になっての東京大学は、政府の国策を遂行していくための現場の技術者――単にエンジニアばかりでなく、官僚組織を運営できる知的技術者も含めて――の養成を絶対の目標として掲げていた。ここに明治のアカデミズムの性格もはっきりするのである（先進国では、フランスの一九世紀の技術専門学校エコール・ポリテクニークなどが国家とかなり密接に結びついている）。

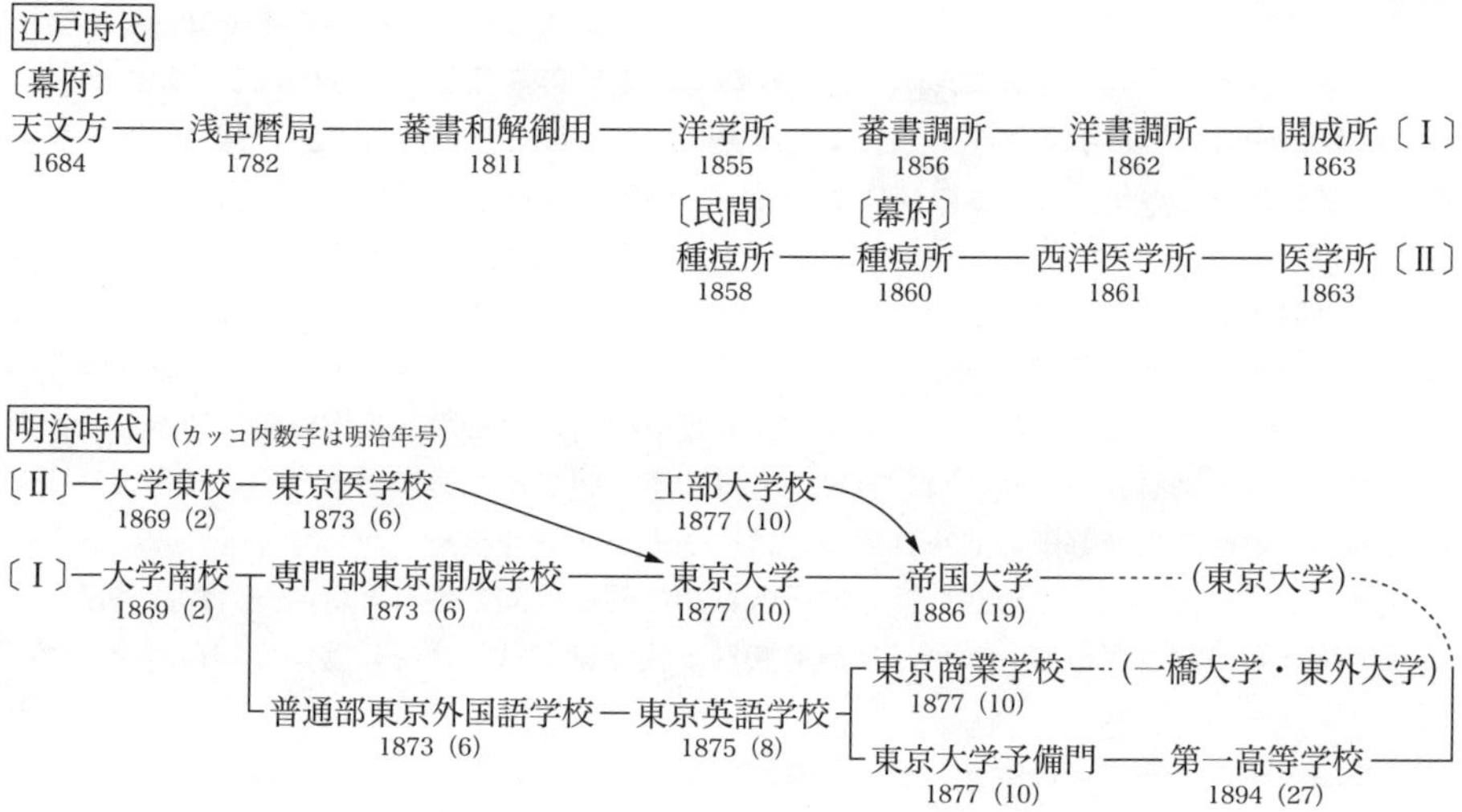

なお東京大学の成立（1877）については、お雇い外国人マレイの功績が大きい。

図31　東京大学系統図

もとより、このような学問の政治権力への隷属性に対して、当時早くも反対を唱える学者もごくわずかながら現われていた。明治七年福沢諭吉は『学問のすすめ』のなかに「学者の職分を論ず」を発表し、学問をする者は、学問というものの本性上、野にあるべきである、という主張を述べている（福沢は生涯ついに明治政府とかかわりをもたず、私塾を開いたのである）。

しかし、こういう例はきわめて特殊な例外に属するのであり、同じ明六社の同人たちでさえ『明六雑誌』上でこれに強い反発を示したほどであった。明治一二年に生まれた日本初の学会組織東京学士会院も、文部大臣・田中不二麿の決断によって組織されたもので、体制はフランスのアカデミーを模倣している。確かにフランスのアカデミーは国家の財政に基礎を置いているが、歴史的には必ずしも、そういう性格ではなかったし、同じような組織であるイギリスのロイヤル・ソサイエティでは、ついに国家の財政援助を断わったことを考えあわせれば、この学士院も、やはり野にあったものではないことが注目される。福沢はここでもメンバーに選ばれながらのち脱退している。

こうして学問は、国策にぴったりと密着して行なわれはじめるのである。この傾向は、とりわけ西欧科学に関して著しかった。ある意味で、日本にはそれ以外にとるべき道はなかったかもしれない。しかしこの伝統は、後に見るように、近代日本の科学・技術に、少しずつ一種のひずみを形作っていったのだった。

二　啓蒙期のエポック――生物進化論

「科学」の名のもとに

明治期における西欧科学の日本への紹介の時期を語るに当たって、どうしても見のがすことのできないのは、生物進化論の導入であろう。生物進化論は、言うまでもなく、一八五九年のダーウィンの『種の起源』出版を一つの契機として、急速に西欧科学思想のなかに浸透した生物学上の理論体系である。それまでの「種の不変説」が、ダーウィンの自然選択説によってくつがえされて以来、この理論は、ヨーロッパ世界においても、一種の万能仮説のような形で、一世を風靡《ふうび》したのであった。

これが日本に導入されたときに、わが国の思想界は、初めて、ほんとうの意味で、「科学」からの影響を被ることになった。それまでの「科学」即「技術」、したがってまた思想と科学とは無関係という立場は、いやおうなくある修正を迫られるに至ったのであった。なぜなら、生物進化論（ダーウィニズム）は、単に生物学における「種」の変遷を取り扱

図32　ダーウィン

図33　ダーウィンを諷刺した漫画

う理論としてではなく、「科学」の名のもとに、あらゆる分野に熱心に取り込まれたからである。

最初の紹介

ダーウィニズムの名が、初めて邦語文献のなかに現われるのは、どうやら明治七年ごろに出版された葵川信近《あおいかわのぶちか》という奈良のある神官の『北郷談』という書物らしい。これは、当時ようやく発展途上にあった日本での新しいキリスト教宣教活動に脅威を感じた葵川が、日本伝統の宗教的思想としての神道や仏教がキリスト教に比べてはるかにすぐれていると主張するために書いたものである。そのなかで、彼はキリスト教神学の説く神の世界創造説に触れ、それがダーウィニズムによって否定されること、それに反し儒仏思想は、ダーウィニズムの説くところとうまく「協合」している、と述べている。

ダーウィニズムは、キリスト教ときびしく対立することは、「種」の創造説を説くキリスト教教義から考えても、その成立当時の事情（たとえば有名なウィルバーフォース師とハックスレイとのやりとり）からも疑えない事実であるが、その内容がキリスト教に多くを負っていることも、逆説的ではあるが事実ではあるまいか。少なくとも、中世的なヒエラルヒーの概念と、キリスト教を貫く時間概念とが、「種」とその変遷というアイデアにとって不可欠であったように思われるのである（詳しくは、拙稿『生物進化論に対する日本の反応』東大教養学部、人文学科紀要「比較文化研究」第五輯）。しかしそういった事情があるにもせよ、ダーウィニズムとキリスト教教義との摩擦を敏感に見てとった葵川が、キリスト教攻撃の絶好の武器として、ダーウィニズムを選んだのは、きわめて興味深い。というのも、その後の日本へのダーウィニズム導入は、ほとんど例外なくこのタイプ、つまり、自分の気に入らない思想を、「科学」の理論であるダーウィニズムを使ってやっつける、という形で行なわれることになるからであった。

モースの登場

これは単なる想像であるが、葵川がダーウィニズムの名を知ったのは、あるいはキリスト教の宣教師の説教のなかではなかったかと思われる。当時来日中の宣教師（多くは、江戸初期と異なり、プロテスタントである）が、ダーウィンの説のごときはまったく取るに足らない説だから、たとえ耳にしてもけっして信じてはならぬ、というような戒めのことばを、人びとに伝えていたことは、明治の有数な生物学者のひとり石川千代松も述懐している。

図34　モース

したがって、葵川もそういう宣教師の否定的な言辞から、逆に、ダーウィニズムを使ってキリスト教攻撃を試みる、というアイデアを得たのかもしれない。

この種のキリスト教的な圧迫から強固なダーウィニズムの鼓吹者になった人物に、大森の貝塚発見で著名なモースがいる。モースは、ボーディン大学の比較解剖学・動物学の教授であったが、明治一〇年、腕足類（貝）の研究のために来日、たまたま東京—横浜間の鉄道工事跡にある貝がらの山に目をとめ、貝塚の発掘という副産物を得たわけである。そして当時成立したばかりの東京大学の生物学科教授に、政治学少壮教授外山正一によって推薦されたモースは、これを受諾し、お雇い外国人教師のひとりとして、精力的に働くことになった。

そのモースの働きのなかでも最もめざましかったのは、ダーウィニズム啓蒙のキャンペインであった。彼は、故国アメリカでは、ピューリタニズムの立場から強固な反ダーウィン論者として知られていた著名な生物学者ルイ・アガシーの弟子であり、師の態度にもまたアメリカでの強い感情的な反ダーウィニズムの風潮にも、激しい不満をもっていた。彼がアメリカにおいて、望みの大学の職につけないでいた理由は、彼が進化論信奉者であるということであったらしい。

それゆえ、故国アメリカで不遇をかこっていたモースが、そうした制約のまったくない日本に来朝し、先駆者としての使命感と満足感に満たされながら、熱心にダーウィニズム紹介のキャンペインに勢力を傾注したのは当然でもあったろう。彼はたびたびダーウィニズムに関する公開講演会を開き、そのおりの聴衆のナイーヴな反応に感激した手記を残している。けれども、モースはすぐれた生物学者ではあったが、キリスト教的な感情論に基づく反ダーウィニズム論に対する彼自身の感情的反発のためか、そのダーウィニズム紹介は、必ずしも、純粋に生物学の理論に限られず、本来慎重になるべきはずの、人間・社会へのダーウィニズムの適用という方向に走りがちであったことは指摘されなければならない。

この種の傾向は、すでに葵川信近においても見られたし、また諸外国のダーウィニズム受容の歴史を振り返ってみても同じように見てとれるのであり、モースにのみ責任があるのではなく、むしろ、ダーウィニズムのもつ性格に由来してもいるのではあるけれども、同時にモースは、日本においては封建体制への思想的なアンチ・テーゼとしてきわめて重要な役割を果たすべきキリスト教（欧米ではそれは封建体制の思想的基盤であった）をダーウィニズムに基づいて攻撃することによって、自分の意図とは逆の効果をもたらす活動を行なっていた、という批判を免れることはむずかしいであろう。その後の日本の生物学者の多くが、進化学説に真正面から取り組むのを躊躇《ちゅうちょ》するような雰囲気のなかにあることになるのも、けっきょくは、ダーウィニズムが、こうした形で、純粋の生物学理論から逸脱していくことによると思われる。

人権論争

しかし一方、一般の人びとは、ダーウィニズムという「自然科学」の理論（それは必ずしも今見たようにそれ本来の姿ではなかったが）を通じて初めて、西欧自然科学的な雰囲気の一端に触れたことを感じたのである。これは不幸にも多くの場合、単なる誤解に過ぎなかったし、「科学」と名を付けさえすれば安易に信じ込むという悪習のもとにもなったけれども、ある意味で、ダーウィニズムによって日本の民衆は、ようやく西欧の技術ではなく、自然科学のものの考え方に身近に接することができたことも、否定することができない。

そして、この点で、多くの問題をはらむにしても、大多数の人びとがダーウィニズムの名を知ったのは、比較的限られたインテリ層を対象としたモースのキャンペインではなく、加藤弘之を中心とするいわゆる「人権論争」であった。

「人権論争」とは、当時自由民権運動の旗頭のひとりであった洋学派・加藤弘之が、明治一五年、民権主義的発想を鼓吹した二つの自著『真政大意』と『国体新論』を突如絶版にし、新たに『人権新説』を著わして民権運動を真正面から攻撃したことに端を発する。したがってもとより、本来、科学とはどこでもつながらない性格のものである。

しかし、加藤が、この百八十度転換を行なった直接の動機というのが、ダーウィニズムを知り、自然科学的にこの問題を考えた結果なのだ、と『人権新説』のなかで強く主張したことから、ダーウィニズムはいやおうなく、およそ科学理論としては場違いの感じのするこの論争のなかに巻き込まれることになったのである。『人権新説』で、「余は、物理の学科に係れるかの進化主義をもって、天賦人権主義を駁撃せんと欲するなり。」と述べている。

この姿勢を基本として加藤は、進化論が自然について語ることを人間の社会にそのまま当てはめ、人間の社会も、優者が支配者の地位につき、劣者はこれに従うという〝優勝劣敗〟（加藤は露骨な勝敗ということばを避け、〝優制劣従〟を使う）の原理によって動いているのであり、それが人間の社会を〝物理的に〟（このことばは、今で言えば〝自然科学的に〟の意である）考えた必然の結果であるとみなすのである。この立場からすると、すべての人間は生まれながらに平等な権利を有する、という天賦人権論の中心テーゼは、まったくの非科学的〝妄想《もうそう》〟ということになる。

図35　加藤弘之

加藤の転向とダーウィニズム

しかし東京大学図書館に残されている膨大な草稿集などを読んでみると、加藤転向の真の原因は、ダーウィニズムを知ったことではなく、むしろ、ダーウィニズムは、転向合理化の武器でしかなかった、という印象を免れることができない。

加藤は、すでに民権論者時代、福沢諭吉の「学者職分論」について論争し、学者といえども国家の施策に協力すべきである、と主張していたが、明治一〇年に東京大学（それが国策遂行の技術者を養成する機関であったことはさきに述べた）の初代総理に就任して、身をもって自己の主張を実行してみせた。

また、明治一四年には、国会開設の勅が下って、わが国の民権運動は当面の目標を失い、他方ヨーロッパでは、民権運動自体はもはや過去のものとなり、その一部は、無政府主義的なテロリズムへと移行していた。後進国としてヨーロッパ諸国のあとを追う日本は、そういう先進国の歩む歴史の流れに敏感であり、良きにつけ悪しきにつけ、そこから教訓を学びとることができる立場にいた。そして、わが国でも明治一五年に、日本で初めての社会主義的政党である東洋社会党が生まれるに及んで、政府体制側はもちろんのこと、民権主義擁護の立場をとる諸新聞、各界とも、民権主義が社会主義化し、あるいはアナーキズムに走るのを警戒する態度を強めた。

こうした情勢のなかで、政府の国策遂行にぴったりと協力しはじめた加藤弘之は、民権主義との訣別、および社会主義化への危険をはらんだ民権運動攻撃のきっかけを、どこでつかもうかと考えていたように思われる。ちょうどそこにモースのキャンペインを経て日本にもたらされたダーウィニズムは、加藤にとって転向のための格好の口実となり、また武器ともなったのではなかったか。

いずれにしても、この「人権論争」は、ダーウィニズムという、生物学の原理が、生物学以外の問題に転化されて用いられた決定的な例であり、その後、進化学説は、自然科学上の理論としてまじめに検討されることなく、自然科学においてすでに真なりと証明された絶対的事実であるかのように、あらゆる種類の分野での自己の主義主張を弁護するための武器となったのである。

ダーウィニズムの俗用

加藤弘之は、その後、明治政府の国策の忠実な合理化のために、明治アカデミズムの重鎮として広範な活躍に乗り出した。彼がまっさきに手がけたのは、当時の政府が、国家統一、民心の団結の理念として、なんとか理論化を図ろうとしていた国体主義を、ダーウィニズムを使って支持し、体系化することであった。とくに、圧倒的な西欧からの科学・技術文明の圧力に対するコンプレックスに由来する自衛本能としての排他性と、旧来の日本文化の、西欧文明に対する優越を主張しようとする優越感に由来する排他性とが、統一的な形で結び合った国体主義——後進国特有のこの種の国策手段としての排他性は、たとえば現在の中華人民共和国の示す強い排他性にも少なくとも一部現われている——は、民心の結合と国家の自衛のために、戦略的に必要とされたものだけに、その合理化が急がれていた。そして加藤は、個人—社会—国家という構成を細胞—組織（器官）—個体という生物のアナロジーに導き、そこから、個体維持（国家の安全）のための細胞（個人）の滅私奉公を説くのである。

このような論理は、本質的にはダーウィニズムとまったく無関係であるが、加藤は、自然界の法則は人間社会をも当然律する、というドグマに立って、あえて、進化論を援用した、と主張した。

さらに奇妙なことには、日露戦役中、加藤は、日本とロシアとを比較し、ロシアはその内部的腐敗や対外侵略政策などから当然劣者であり、これに反し日本は、東洋の君子国であるから優者である、したがって、日露戦役に日本が勝つのは、優勝劣敗の法則から考えて必然である、という意味の小冊子を発表し、実にこれに『進化学より観察したる日露の運命』と題したのであった。

しかし、こうしたほとんど論ずるに足らないほど珍妙な「科学理論からの演繹《えんえき》」は、このダーウィニズムの俗用という局面においては、きわめてあたりまえのことのようにさまざまな人物によって主張されており、科学理論万能という、一つの社会的態度の形成に大いに役立ったのであった。

キリスト教とダーウィニズム

加藤弘之のダーウィニズムを武器とする攻撃のほこさきは、民権運動のみにとどまらなかった。キリスト教、社会主義に対してもそれは鋭かった。キリスト教は、内村（鑑三）不敬事件に象徴されるように、地上の権威である天皇を認めず唯一神を信仰するという態度が、当時の国策遂行に危険な障害となるとみなされたからであり、社会主義の危険性については述べるまでもなかろう。そうした理由から、加藤は、キリスト教および社会主義に対し、再びダーウィニズムを用いて対決したのだった。

ダーウィニズムがその歴史的発端から、キリスト教と摩擦を示していたことはさきにも述べた。しかし日本では、キリスト教を巡る問題は、教義的な立場での論争というよりは、国体主義との対決という局面が大きかった。ただ国体主義が加藤の手でダーウィニズムによって合理化され、また、モースのキリスト教ぎらい以来の伝統もこれに加わって、この二つの外来思想は、日本の土壌の上で、激しい抗争をくり返した。

いわゆるキリスト教の「種の創造説」に関しては、キリスト教徒はダーウィニズムに妥協した（この妥協は、旧来のキリスト教諸国よりはよほどスムーズに行なわれているのは当然であろう）。また、人類の置かれている世界が、進化論的原理に基づく弱肉強食の修羅場《しゅらじょう》であるのは、慈悲の神の創造になる世界という教えに抵触するではないか、という反論には、キリスト教徒は、ダーウィニズムを使って再反論している。たとえば明治国家誕生期にあって、政治組織や法制に関する最大の恩人と言われるフェルベック（フルベッキ、彼は維新に先だつ一〇年前にオランダ人として――実際には無国籍者であった――来日、長崎で洋学を教えていたことがある。進化論を巡る論敵・加藤弘之をはじめ、江藤新平、伊藤博文、大久保利通、副島種臣《そえじまたねおみ》、大隈重信、杉亨二《こうじ》ら、明治の要人の多くがその門人として育った。明治二年に大隈の発案で新政府顧問となり、徴兵制の採用、封土制・藩制の廃止、遣外使節など、発足当時の新政府の重要な施策の多くは彼の献策によっている。明治八年、政府顧問を退き、熱心な宣教師として再来日した。この進化論論争は、もちろん、彼が無冠の宣教師となったあとのことである）は、現在の修羅場の世界は、進化によってやがては神の愛の顕現する世界へと移り行くのであって、進化論は、この神の計画を運ぶための法則となっている、と主張した。

この局面では、ダーウィニズムは、キリスト教攻撃の論理としても、またキリスト教擁護の論理としても、等しく用いられる、というきわめて恣意《しい》的な状況下にあり、科学理論への信仰という一般の傾向を利用した単なる空論という印象をもはや免れることはできない。

ダーウィニズムと社会主義

このようなダーウィニズムの恣意的応用は社会主義との関連においても同じように見られ

る。もともとマルクスは、ダーウィンの『種の起源』に深い関心を示し、一八七二年版の自著『資本論』(第一巻)に、〝心からなるあなたの崇拝者、カール・マルクス〟と自署して贈呈しているし、『資本論』の英訳版をダーウィンに献呈しようとして、たいそう丁重に断わられたりしている。マルクスのこのダーウィニズムへの傾倒は、ダーウィンの進化論が自然界を唯物的に説明した、とみなされたところにあったと思われる。

したがって、日本においても、初期の社会主義者(たとえば、幸徳秋水、堺利彦、少し下って山本宣治ら)は、おおむねダーウィニズムに対して好感を示していたのである(これは、ダーウィニズムをブルジョア的科学理論として拒否する戦後の一時期の社会主義的解釈と著しい対比をなす)。しかし、一方、ダーウィニズムは確かにイギリスの資本主義発展期の思想的背景であるレッセ・フェール(自由競争)の影響を色濃く受けていることも事実であり、その立場から言えば、社会主義が、経済生活における個人の自由競争を否定するのは、社会の進化を否定することであり、自然法則を否定することでもある、という非難が社会主義者に浴びせられたのである。その代表的人物はまたしても加藤弘之であるが、

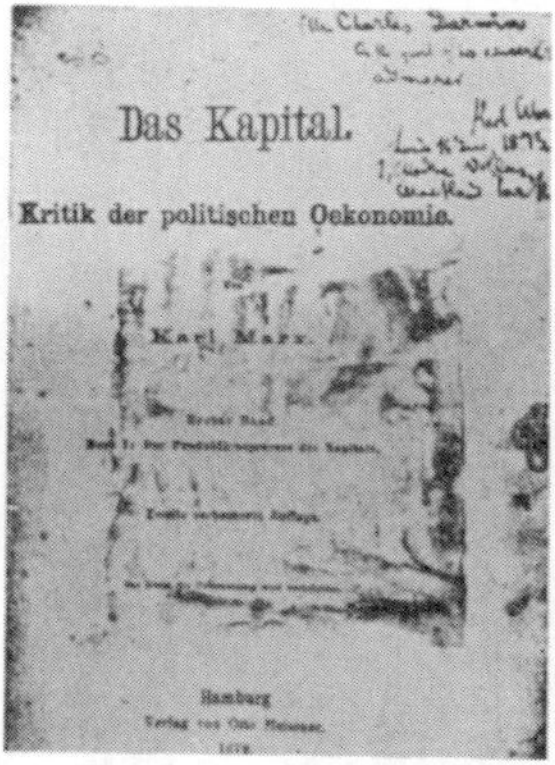

図36　資本論　マルクスの献辞

そのほかにも、生物学者の石川千代松、丘浅次郎らもこの種の論陣に加わった。そこでたとえば幸徳秋水は、ダーウィニズムの唯物論的性格を強調した上で、社会主義は、単なる生存競争を否定するのであって、より高度な競争を否定するものではない、という主張で防戦したのであった。

この所論も、ダーウィニズムの恣意的な応用という点で、今までのさまざまな俗用論と同じであり、攻撃する側も弁護する側もその意味では変わらないと言えよう。

科学理論の御用化

以上の簡単な考察の教えるところでも、加藤は「生物進化論」を使って民権主義、社会主義、キリスト教を攻撃、国体主義を擁護、幸徳は「生物進化論」を使って社会主義を擁護、フェルベックまた「生物進化論」に基づいてキリスト教の弁論に立つ、という一種の無政府状態にダーウィニズムはあった。

こうした無政府状態をかもし出した責任の一端は、確かにダーウィニズム自身が負うべきものではあろうが、しかし加藤にしても、幸徳にしても、あるいはフェルベックにしても、自己の主張を、自然科学とはまったく無関係な価値基準に置いて論を進めている。そうであるにもかかわらず、彼らは等しく〝自然科学の理論〟をもって自らの主張を武装しようと図った。あたかもそうすれば、自己の主張が自然科学的に立証された事実となるかのように。

このような思考パターン、つまり科学の御用化は、たびたび指摘するように、科学理論に対する信仰を背景としたものである。こうしたいわれのない信仰に基づく科学理論の御用化現象は、正統なあり方でないのはもちろんであるが、一方から言えば、内容はともあれ、形式的に科学の理論として成り立つダーウィンの進化論――それは、本来技術とは無関係の純粋の理論体系である――が、これほど広範に、日本人のものの考え方のなかににじみ込み影響を与えたことは、その他の科学理論の領域ではほとんど類例のないことであり、その意味でこのダーウィニズムを巡るさまざまな論争は、日本における科学のあり方を考えるのに、貴重な材料を与えてくれていると思われる。

三　ようやく自立に向かう明治科学界

留学生

すでに幕末期各藩は競って留学生をヨーロッパに派遣し、ヨーロッパ科学技術の修得に力を尽くしていたが、さきに述べたいわゆるお雇い外国人とともに、こうした留学生が、新政府の方針にとってどれほど力になったか計り知れないものがある。とくに、明治六年ごろからは、組織的な留学生派遣の施策が文部省を中心として講じられ、お雇い外国人と啓蒙的洋学派によって暫定的に形作られていた新政府の科学関係のポスト——教育にたずさわる職責も含めて——は、海外でじっくりと基礎から学んできた留学生に、しだいに交替されていくという現象が見られる。

この現象をちょうど現在の時点で迎えているのが、アジア・アフリカの新興諸国ということができよう。このような国家では、主として、留学生は旧宗主国へ留学する形をとるが、一方では、帰国後の受け入れ態勢の不備（研究費、設備その他の点で）から、せっかく国費もしくはそれに準ずる費用で研修教育を受けながら、研修終了後も本国へもどらないという事例が多く見られている。明治新政府の方針に基づいて海外に渡った日本の留学生にこうしたトラブルがほとんどなかった（高峰譲吉はよく知られた例外の一人である）ことは、指摘されてよかろう。

こうした形で所期の目的を達して帰国した留学生組の科学者たちは、文字どおり、日本における科学の近代的発展の礎石であった。したがって、物理学の山川健次郎、田中館愛橘《たなかだてあいきつ》、生物学の矢田部良吉、箕作佳吉《みつくりかきち》、石川千代松、化学の高峰譲吉、気象学の北尾次郎、数学の菊池大麓《だいろく》、医学の北里柴三郎らの名前は、そうした重要な礎石として現在まで、日本人の心に強く記憶されることになった。

しかし、この種の人びとの日本における業績は、まだ啓蒙と教育との域から大きく飛躍するものではなかったことは、残念ながら理解されねばならない。

図37　高峰譲吉

図38　北里柴三郎

なるほど高峰は、澱粉分解酵素として知られるタカジアスターゼの創製（明治二七年）、および副腎髄質ホルモンの一種アドレナリンの単離（明治三四年）という、世界的な仕事を残したけれども、この仕事はふたつながら、シカゴ、およびニューヨークで成就されたもので、日本人の科学者としての資質を世界に喧伝することはできたが、日本の科学体制の生み出した成果ではけっしてなかった。

北尾次郎の、台風についての世界的な論文（明治二〇年）も日本でこそ書かれたが、研究はドイツで行なわれたものであったし、北里の名を不朽にした破傷風菌の培養、さらに抗毒血清療法の発見（明治二三年）は、やはりドイツのコッホのもとで成し遂げられた業績であった。

それゆえ、こうしたオリジナリティを備えた世界的な業績は、確かに日本人の手を通じて完成されはしたが、そして他の多くの日本人科学者に自信と目標とを与えたが、それを完成に導いたのは、西欧そのものであったのである。しかもその他の有名科学者は、日本に帰国してからは、ほとんど仕事らしい仕事をしていない。自分の得た最新の知識を同僚・後進に伝えること、行政面での制度作り、設備の手配など奔走すべきことは山ほどあったろうし、外国帰りとちやほやされて慢心してしまうこともあったろう。理由はどうであれ、この世代にあっては、科学はまだ日本独自に何かを生み出すほど社会体制として根付いてもいなかったし、定着もしていなかったのである。

日本科学界の成立

さて、こうした第一期の科学者たちから大学で教育薫陶《くんとう》を受けて育った次の世代は、——もちろんその世代も多くが海外留学を体験してはいるが——ようやく、日本人の科学的業績を可能にする、一種の社会機構としての科学界を形成しはじめていた。

と言っても、事態はけっして楽観的ではなかった。たとえば日本人による最も日本人らしい業績と考えられる鈴木梅太郎のオリザニンの発見（明治四三年）さえ、当時の医学界では、鼻先であしらわれていた。鈴木は、ドイツ留学時代に、オリジナルな研究をするには何をすればよいか、恩師エミール・フィッシャーに尋ね、日本でのみ研究可能なアナをねらえ、と暗示されたという。鈴木が米食偏重の日本人の食生活と日本人に多い脚気《かつけ》との連関に気づいたのは、やはり旧師の提言に由来するものであったろう。けれども、そのことで彼の日本での研究成果のオリジナリティが傷つくわけではない。それでもなお、一化学者が医学の分野に口をはさむとは、という冷たい権威主義が、医学界を支配していたのであるから、明治四三年という年になってさえも、日本の科学界は、必ずしも正当な機能のもとに動いていたとは言いがたいかもしれない（ある意味では、この種のセクト主義的権威主義は、現在まで牢固《ろうこ》として残っている）。

しかしこの鈴木の例をはじめ、池田菊苗《きくなえ》のグルタミン酸の発見（明治四一年）、物理学における長岡半太郎の日本人ばなれした論文生産力（その内容の程度の高さもちろんのこと）、山極勝三郎による皮膚癌《がん》の人工発生（大正四年）などの業績は、日本の研究体制のな

図39　鈴木梅太郎

図40　長岡半太郎

かで、日本科学者の主体的な判断から生まれてきたものであって、学問としての科学が、日本において、一つの社会的機能を発揮しはじめた時期をこのあたりと考えることは、それほど無理ではあるまい。

もとよりこの日本の科学のオリジナリティという問題は、けっして、日本的科学を意味しているのではない。ただ、西欧科学の学問的体系をわがものにし、その方法論に従い、その論理を使い、その分析能力を、それのもつ対象領域に対して発揮させることのできる、共通の基盤と言語体系を備えた人間集団が、日本という国家体制のなかで、それ本来の機能を働かせるようになった、ということである。

さらに、そうした集団の説く自然についての説明が、客観的真理として日本人一般の間にも、定着しはじめた、という点を付け加えることができるかもしれない。そして、これを可能にしたのが、教育制度の整備であったことは言うまでもなかろう。

こうして西欧科学は、いわば日本人にとっての自然観の根本的変革であったにもかかわらず、明治期には、ほとんどなんの抵抗もなく、一般へ浸透していった。

西欧科学の一般への浸透

これほど大きな変革が、これほどスムーズに行なわれた理由はどこにあるであろうか。比較科学史のテーマとして、他のさまざまな後進地域での西欧科学の受容を基本的に整理してみなければ容易に結着のつかない問題であり、比較科学史研究のまだ緒についたばかりの段階で結論を出すことは危険でもあるが、いくつかの点を示唆することはできよう。

その一つは、すでに述べた教育制度の充実があろう。明治五年に発布された学制要綱によって、小学校において一年から洋式数学が取り入れられ、三年で物理学的な授業が講じられることになった。注目すべきことは、こうした急激な教育制度の整備を可能にするだけの教師層——もちろん、彼らとて必ずしもその知識は充分ではなかったろうが——が、少なくとも潜在的には存在していたことであった（読み・書き・ソロバンという教養を身につけた浪人層がその主体となった）。そして、この上意下達式ではあるが急速に整えられた小学校教育は、明治三〇年代には、就学率九〇パーセント台という驚異的数字に達するのである。

このことに関連して見落とせないのは、言語の問題であろう。第一に日本人がとにかく統一言語国民であった、という事実は、単に科学教育のみならず、一般にこのような教育活動を可能にする大きな要素であった（たとえばインドを比較として考えてみていただきたい）。第二に、これまでにも述べたように、江戸時代初期から、漢書、その後は蘭書から、西欧科学の概念が少しずつ、日本語に移しかえられていたことが重要である。

近代科学理論に登場する諸概念は、それ自体独特のものであって、別の言語系に移しかえることはきわめて困難である。これを受け入れる場合、受け入れる側は、翻訳か原語かの二者択一に立たされる。しかし明治の日本はその翻訳の時代を少なくともある程度すでに江戸時代にもっていたのである（翻訳の時代のもつ重要な意味は、さきに、西欧における近代科学の黎明《れいめい》期に先だつ翻訳の世紀についての言及でも示唆しておいた）。もちろん当初キリスト教の神を大日如来と訳したように、滑稽《こっけい》な誤解も少なくなかったろうが、しかしさきに述べたように、江戸時代に造語された概念が、今も科学用語として使われている例も多いのである。そして、表意文字としての漢字を使う日本語が、そうした新造語（概念的把握を容易に与えうる）を鋳造するのに適していたことも指摘されるべきであろう。

さらに、こうした西欧科学の理論体系の現実への適応である西欧の科学技術文明が、幕末の蒸気船来航に象徴されるように、民衆の上に圧倒的な驚異として映ったことが、科学理論の無条件受け入れに強く影響したであろう。

このような基礎的な条件がいくつか重なっていった結果、日本は、その後、後進国のモデル・プラントのように評されるほど円滑で完全な西欧科学の一般への浸透状態を作り上げたのだった。

しかし、この状態は、望ましいか望ましくないかは別としても、もう一つ掘り下げてみると、日本人の西欧科学体系の受容が完全である、言い換えれば、日本人の自然観は根こそぎ転換した、ということを必ずしも意味していないように私には思われるのである。この論点についての分析は、次章に譲ることにしよう。

四　国家の手で編成される産業界

富国強兵

日本が近代国家として成り立つ最も緊要な条件は、外圧に対抗するための軍備の整備であったことは言うまでもない。すでに述べたように、幕末、各藩および幕府は、イギリス、フランスと結んで、洋式の兵制を取り入れ、大砲鋳造、鋼鉄艦の造艦技術修得などに力を尽くしていた。水戸藩の大島高任《たかとう》、幕府方・江川太郎左衛門らによる反射炉、長崎の海軍伝習所、長崎に生まれた製鉄所および造船所、石川島の造船所および横浜の製鉄所、横須賀の造船所（幕府の手では未完）など、幕末に建てられた鉱工業工場の多くは、そのまま明治時代に受け継がれ、設備自体は廃棄された場合（たとえば江川の反射炉）でも、そこで育った技術修得者を遺産として明治期に残したのである。しかもその大部分が、政府直営の形をとったのであった。

軍事に最大のポイントを置く新政府は、こうした工廠を直営して、その生産面での基礎を作ると同時に、このような実地の現場ではなかなか育たない研究開発技術者の養成のため、のちに東京帝国大学へ併合される工部大学校に造船学科を設け、また明治二〇年には造兵学科と火薬学科が生まれるに至った。この事実からも、東京帝国大学が、政府の施策への忠実な協力者としての立場をもっていたことがわかるであろう。

当時の技術水準から言えば、採算を度外視して、外国からの技術導入と、優秀な機械を輸入することができ、またすぐれた技術者を留学生と大学とから確保していたこのような国家直営の生産工場は、当然のことながら、明治二〇年代になっても民間企業とは比べものにならない水準にあったのである（たとえば明治九年にははやくも横須賀で最初の軍艦——一〇〇〇トン足らずではあるが——が竣工した）。

日本の産業革命の特徴

一方から言えば、資本蓄積のまったくない社会に、企業の成立を期待することができない当時の国情にあっては、ほとんどすべての産業において、政府がまず資金を投じて企業を開発し、民間にその企業の維持発展を図るだけの資金負担能力が蓄積されるにつれて、しだいに民間に移管する、というシステムがとられたのは当然であろう。その典型例として、いつも引かれるのが、明治五年創立の通称・富岡製絲所である。

そして、そういう民間移管への産業が、多く紡織を主とする軽工業であるところから、通常の産業革命のプロセスである軽工業期を第一期とするシェーマが、日本の産業発展にもあてはめられることが多い。しかし、民間への移管産業は確かに多くは軽工業であったが、重工業がすでに政府国営のものとして、工廠という形である程度存在していたこと、したがっ

図41　日本で初めて実用化された電信機の使用（明治２年）

て、日本のいわゆる産業革命の場合には、それがいわばプラント輸入されたものだけに、そもそも第一期から、軽工業・重工業併存期であったことは忘れてはなるまい。

とくに、重工業は、軍事と直接結びつくものだけに、外国の力にたよることも、民間に期待することも、どちらも機密保持の上からできるかぎり避けられねばならなかった。それゆえ、当然政府は、自らの手で開発した重工業は民間に移管する策をとらなかったのである。

それと同時に、こうした国営産業と民間産業との能力および役割のあいだに見られるギャップが、本来なら最も重要な、工作機械産業の発展を遅れさせる結果になった。

欧化主義

明治政府の富国強兵策で、もう一つの具体的なポイントは、殖産興業のために、社会の近代的機構を早急に整えることであった。明治二年には、東京—横浜間に電信が、五年には鉄道が開通、電燈、電話、などにも力が注がれた。

すべてこれらの技術は、外国からそのまま輸入された機械類に依存していたわけだが、それだけに、西欧文明に対する社会一般の驚異も大きかった。江戸中期以来、単なる好事家的興味を引くだけであった西欧文明の所産が、一般大衆の上に、決定的な力をもってアピールしはじめた。鹿鳴館時代を中心とする欧化主義はこうして始まった。

佐田介石らのように、既存の文化にしがみついて、須弥山説を唱え、「ランプ亡国論」を主張して世をあげての欧化主義にはかない抵抗を試みる例もないではなかったが、時の流れに逆らうことはむずかしかった。後年あれほどキリスト教の「害毒」を説いた加藤弘之でさえ、明治一〇年代には、「天下の子女が教会へ行き、英語を修めるのは好ましいことである」という意味のことばを述べている。

こうした浅薄な欧化主義は、その熱がいったん治まると、たちまち偏狭な日本主義にとって代わられたことは、日本人の思想構造をとらえるのにたいせつな事がらの一つである。この問題は、やはり次章で取り扱うことにしたい。

五　その後の科学界の動き

簡単に、その後現代までの日本科学界の動きを概観してこの章を終えよう。

日清・日露戦役

明治二七・二八年の日清戦争は、日本の科学界にとっても非常に大きな影響をもっていた。軍需産業は強大な刺激を受けたし、政府も相当額の賠償金を手にすることができた。兵器産業はこれによって決定的な方向に足を踏み出した。明治三〇年に建設が始まった八幡製鐵所は、政府の方針に従ったものであり、その後徹底的に、軍事と結びついて発展する。その結果軍艦その他の兵器のための鋼は、その多くの部分を八幡が引き受けることになった。しかし、日清戦争の影響は、こうした軍需工業だけではなかった。明治二〇年に一九の工場しかもたなかった紡績業界は、日露戦争直前には七六工場にまで達したが、この急激な産業界の発展は、日清戦争の勝利の結果に負うところが大きい。国際経済的に見ても、明治三〇年にはようやく輸出超過を見せた。

このような結果をさらに決定的にしたのは日露戦争（明治三七・三八年）であった。資本の急激な蓄積に伴う資本主義の帝国主義的膨張は、ここにはっきりと日本の方向を性格付けた。旋盤や車両の輸入量は明治三八年から五年間にほぼ一〇分の一に減り、ほとんど自給に頼れるようになったのもこのころのことであり、遅れていた機械工業は、ここに一応の水準に達することになったし、産業の最大の基盤である電力供給も、この時期（明治三六年から一〇年間）に、実に一四倍以上に増加している。この二つの戦争を契機として、軍事と科学技術の実践面としての産業界との結びつきは、ますます大きくなっていった。

中国との関係の逆転

西欧科学の導入という観点から見て興味を引かれる一つの現象が、この時期に起こった。中国大陸の諸王朝は、すでに今までの記述でもある程度明らかなように、本来日本よりも西欧科学の導入に積極的であり、とりわけ日本が鎖国中に、イエズス会士の手によって熱心に促進された啓蒙運動は、漢籍の形で日本にも大きな影響を与えたこともすでに見たとおりである。

こうして、日本誕生以来つねに日本をリードする存在であった中国は、西欧科学・技術による近代化でも、一歩日本に先んじていたにもかかわらず、日清戦争での清王朝の敗退は、深刻な反省をもたらした。日清戦争前、すでに日本の明治維新にならった改革案（康有為）が現われはじめていた清王朝では、日清戦争終結の翌年には、日本に留学生を派遣するという状態に至った。

その後、反清王朝運動に従事して、一時亡命の形で留学する人びとも含めて、きわめて多くの中国人たちが、とくに日本の理工学教育を求めて来日することになった。もちろん、当時の日本の科学水準は、すでに見たとおりけっして世界の一級でもなければ、二級でさえなかったが、ようやく整いはじめた日本の科学教育組織を基礎的な段階で利用する、という意図があったように思われる。清朝における組織的な教育は、かつては学問水準の向上に大きく寄与したこともある科挙の制度の硬直化によって、すっかり阻害されていたからである。

科学と技術の跛行現象

明治政府が、西欧科学技術を、日本近代化の有力、最強の道具として考えていたことはすでに見たが、日本の科学教育の体制がある程度整い、一般大衆が、科学を身につけはじめるようになっても、この基本姿勢は変わらなかった。思想構造を根本からゆり動かす文化的な力をもった「科学」は、技術という応用面の重用のためにかすんでいたのである。

とくに、日清、日露、第一次世界大戦という度重なる戦争を契機として軍事力の万能が確認され、それに伴って国家体制がようやく右傾化の度合いを激化させるに従って、思想としての科学は、意識的に退けられるようになり、軍事と直結した技術を開発することに、最大の関心を払うことが、科学者に対して陰に陽に要求されるようになった。

この意味では、佐久間象山の「東洋道徳・西洋芸術」の思想は、ここに格好の論点として復活したのである。

もちろんどの国家にあっても、工業水準が軍事に依存する度合いはきわめて高いし、それは資本主義国のみでなく、社会主義国にあってもまったく条件は同じであるが、先進国のように、産業が民間の間に営利のための企業として興ったのではなく、もともと国策遂行のために上から開発された日本では、戦争への傾斜とともに、応用科学偏重と技術者の軍需産業への吸い上げ現象とは、ますます顕著になっていったのである。

たとえば昭和一〇年代のはじめには、太平洋戦争後のいわゆる理工ブームを凌駕《りようが》するほどの規模の技術者不足が招来され、政府は、戦後の場合と同じように、あわてて各大学に工学部を増設したり、工業専門学校を多く新設して急場をしのいでいる。

戦時下の科学・技術

こういう臨戦時の科学技術者総動員体制によって、日本の科学・技術の戦争協力はその頂点に達した。昭和一三年国家総動員法が公布され、昭和一六年に科学技術新体制が確立されるという一連の動きは、この間の事情をよく物語っている。

そしてこの体制のもとに、日本の科学・技術は、戦争遂行という限られた目的のためにではあるが、その歴史のなかで最も国家の温かい保護を受ける時期を迎えた。

たとえば戦時中でも、大学の理工学部の学生は、悲惨な学徒動員にも徴募されることは猶予されたし、理工学部関係の研究費は、けっして少なくなかった。いやむしろいつの時代よりも、最も潤沢であったとさえ言えよう。

ここに一つの悲しい統計がある。昭和二六年といえば、日本の講和条約の締結された年であり、太平洋戦争の戦後処理を終わった日本が、その前年に始まった朝鮮戦争をきっかけとして、ようやくすべての点で立ち直りのきざしを見せはじめたころである。その年学術会議が一般の研究者を対象に行なったアンケートのなかで、「これまで研究の自由が最もあったのはいつだと思うか」という質問に対して、「太平洋戦争中」という答えが、圧倒的に一位を占めた。その理由は、言うまでもなく、研究費が潤沢である、ということであった。

この一事から見ても、戦時中の科学研究が、もちろん戦争遂行への積極的な協力、という基本線をくずさないかぎりにおいてではあるが、日本の歴史のなかで破格なほど恵まれていたことが、容易に想像できるはずである。

大学の科学と技術

こういう事態のなかでは、当然、大学もその例外ではありえなかった。大学での科学研究も、技術一辺倒に傾いた。ここに特徴的なのは、いわゆる付置研究所の隆昌である。基礎研究よりも、実際の目的に見あった研究を集中的に遂行しやすい立場にある各大学付置の研究所は、文科系の教授たちに思想的な犠牲者を多く出したのとはうらはらに、国家の優遇を充分に受けることができた。同時に、研究所側も積極的な挙国体制を惜しまなかった。この傾向はとくに東北大学に著しい。

東北帝国大学では、すでに大正五年、住友吉左衛門からの寄付を仰いで「臨時理化学研究所第二部」を設立（理化学研究所、いわゆる「理研」は、アメリカから帰国した高峰譲吉ら

図42　本多光太郎

のイニシアティヴで、その前年、設置が決まっていた。太平洋戦争終結まで、文字どおり日本の科学研究の中心的存在となった）し、本多光太郎を主任に迎えていた。これが後に有名な金属材料研究所の前身であった。その最初の輝かしい業績は、資金の寄付者の頭文字をとって名づけられたＫＳ磁石鋼であった。

東北帝国大学はその後、とくに戦時中、きわめて多くの付置研究所をもつに至った（そのため、一部では、研究所大学と悪口を言われるほどであった）が、それには、戦争下の時局の傾向を目ざとくとらえた時の総長本多光太郎の力が、あずかって大きかったと言える。本多光太郎は、ＫＳ磁石鋼が日本で産業基盤に乗らず、かえってアメリカで企業的開発が進められた経験から、科学技術の成果を、具体化するための手段として、国家を利用した、と言うことができようし、大学人としての国家への協力に、一つの新しい例を造ったとも考えられる。

こうしてその後一般に、工学部関係の大学人と、産業、とりわけ国家産業への結びつきは、他の分野の大学人に比して、かなり強いものであり、その傾向は、今日まである程度続いている。

盛んな軍事科学の矛盾

このように、科学者、技術者の軍事科学への挙国的協力は、しかしそのまま、日本の科学技術の水準の向上に連なったとは思えないところに、一種の歴史の皮肉がうかがえる。

話を軍需面に限ってみても、科学技術がこれほど優遇された結果として、世界に独自の開発成果と誇りうる軍事技術と言えば、ほとんど数えるほどしかない、ということがある。零《ゼロ》戦や酸素魚雷（無航跡魚雷）はその最もすぐれた一例であろうし、建艦技術、航空機関係にも、いくつかの例は認められる。しかし海戦の戦局を決定的に支配することになったレーダー（電波探知機）の実用化は、アメリカに比べてほぼ一年は確実に遅れ、この遅延は致命的な意味をもっていたし、レーダーを含む広い応用価値を備えた理論分野である「サイバネティックス」の思想は、諸外国に比して戦時中にはほとんどまったく育たなかった。

原子爆弾、ロケット技術、その誘導技術などの新分野も、基礎として複雑で綿密な理論体系を得て初めて開発が可能となるような性格のものであるためか、日本においては決定的に遅れていたと言える。

この現象は、明治以来、あれほど熱心に軍事技術を中心として開発に腐心してきた日本の政府の政策が、まさにこのような致命的、決定的な局面で、皮肉にも自らを裏切った、と考えることができるのではないか。科学と技術との間の跛行《はこう》状態が、彼我の差を造り出す最終的な原因ではなかったであろうか。

飛行機を造る、という場合にも、搭載機銃の標的操作は、電信装置は、爆弾投下装置は……、こういった目前の問題を一つ一つ自力で解決していくときに、一見無関係とも思われる基礎的な理論とじっくり取り組んで、そこから研究を出発させ展開させていくだけの時間的余裕がなかった。とにかく目前の問題を解決しなければ、という後進国特有のあせりの意識が、科学と技術との本質的な協力関係を忘れさせ、技術に対する偏頗《へんぱ》な尊重方式を生んだのではなかったたか。

その傾向が、けっきょくは、致命的な局面での、致命的な軍事技術の遅れを招来したことは、否めない事実であろう。

ここで私は、戦時下の日本が、たとえば原子爆弾を開発すべきであった、と主張しているのではない。開発すべきか否かとは別に、個々の水準から言えば、体制のいかんによっては、核兵器を開発することさえ、必ずしも不可能とは言えない状態にあったにもかかわらず、政府・軍部が、そういう一見非技術的に見える基礎研究に、あまり理解を示さなかったこと、またそれと同時に、戦争という至上目的に積極的に協力する意志のあった科学者たちが、恵まれた研究条件のもとで、広い理論的スコープさえもてば、あるいはできたかもしれないそういった新分野の研究に乗り出そうとしなかったこと、この二つの点を問題にしているのである。

アメリカが核兵器の開発を、太平洋戦争末期、極度に急いだ最大の原因は、ナチス・ドイツに核兵器の先を越されるのを恐れたからであった。しかし、アメリカは当面の敵である日本に対しては、そうした緊迫した危惧感をもってはいなかったと言われる。ということは、そういう日本の科学技術界の備えていた欠陥は、当時の外国の目にもはっきりと映っていたことを意味する。

この状況は、必ずしも現在でも改善されているわけではない。われわれは、この問題をどう扱うべきであろうか。その点についても次章で簡単に考察してみたいと考えている。

第七章　日本文化と西欧科学

われわれは、日本文化が、自然に対してどのようなものの考え方をもっていたか、そして、それがどう変遷してきたか、また、外来文化としての西欧の自然観と技術の所産とに、どういう形で接触し、吸収し、発展させてきたか、そしてまた、外来の自然観と在来の自然観とのあいだに、どのような摩擦が起こり、どのように折り合わせてきたか、という点をざっとたどってきた。

この章では、日本文化が、そういう西欧の自然科学の体系と技術とを摂取し、自分の文化のなかに吸着させたことのもっている意義を探り、またその分析を通じて、日本文化の特徴に関して、日ごろ自分の考えている仮説を大胆に、自由に述べ、その記述を基に、読者の方々にも、それを考えていただくための素材を提供してみたいと思う。

なぜ東洋に科学が生まれなかったか

科学という概念が、自然に関する人間の疑問に、組織的・体系的な理論系を使って答えていくことであり、しかも「近代科学」は、そういった理論系と、自然について積み重ねられる経験的な知識による自然のコントロールとのみごとな結合を意味するとすれば、それがヨーロッパ文化圏にのみ現われたことは、すでに見たとおりである。もっとも、古代中国思想のなかには、一方に、日本において古医方を導いたような、経験的・実証的な精神があり、一方においては、朱程の近世儒学思想のごとき、自然を体系的に説明しようとする理論化の傾斜も存在した。

このような中国の文化思想に、なぜ近代科学が、あるいは少なくともそれに類似した体系が芽ばえもしなかったのか、しかも、マテオ・リッチ以来の西欧科学の導入は、ながい期間の鎖国を経た日本に比較すればはるかに自由に行なわれ、その意味で有利な立場にあったにもかかわらず、近代化が日本よりも遅れたのはなぜか、中国文化については、科学という観点から見て、少なくともこの二つの問題が未解決のまま残されていると言ってよい。

その確実な解答を捜すことは、現在の段階ではまだむずかしい。私は一つの大胆な推測を試みてはみたけれども、その推測が当たっている自信はもとよりないし、中国における科学思想の系譜について、おびただしい資料を収集・整理して発表しているニーダムというイギリスの専門家も、この謎《なぞ》については、現状ではっきりした結論を出すことを避けているようである。

なぜ日本に科学が生まれなかったか

しかし、その中国思想の影響を色濃く受けている日本の場合には、これに比べて、問題の見通しはある程度立てることができる。

　この本の最初で私が、自然に対して「なぜ」という疑問を発するのは、〝たいていの人間〟にとっては当然の活動である、といささか歯切れの悪い口調で語ったことを、読者は覚えておいでであろうか。そのときあと回しにした、私の口調の歯切れの悪さの原因は、私が、日本の文化を、その〝たいていの人間〟のつくり上げている文化のなかに含めることを躊躇したい感じをもっているからなのである。つまり、もともと日本人は、自然に「なぜ」を問いかけることをしない、そういう性向をもっているのではないだろうか。少なくとも自然に対して、組織的に「なぜ」を追求していくことを避ける国民ではないだろうか。

　第一に、これまでの叙述が物語るように、日本人が、そういう組織的・体系的な「なぜ」の追求を行なう場合、その体系はすべて、日本人本来の発想に由来するものではなく、必ず他の文化圏からの借りものであった、という事実がそのことを暗示している。第二には、日本人の自然に対する付き合い方が、「なぜ」という疑問と、その疑問に答える説明を提供するのには適当でないような性格のものではないかという点がある。

借りもの文化

第一の問題から考えてみよう。日本において、インド古代思想から借りてこられた仏教の須弥山説、中国古代思想からの借りものである儒教の陰陽五行説、これらは、どちらも曲がりなりに、星辰《せいしん》の運行や宇宙の創成、天然現象の原因などについて、人間の当然発すると思われる「なぜ」に対する、組織的・体系的な答え方の一つである。日本人は、自らの手でそういう方法を開発しようと思ったことは、どうやら一度もなかったようである。これが日本人の長所であるか短所であるかは、ここでは簡単に判断するわけにはいかないが、少なくともこれは端的な事実なのではあるまいか。そしてけっきょく、最後の決定的な借りものである西欧科学を得て、日本人の自然に対する「なぜ」の追求方法は、大体において一律に決められてしまった。

しかし、その借り方にも、問題がないわけではない。「和魂洋才」、「東洋道徳・西洋芸術」（この芸術というのは学芸というほどの意味である）というスローガンは、洋学時代（佐久間象山）より明治・大正・昭和を通じてくり返しくり返し唱えられ、西欧科学に接する際の日本人のいわばお題目であるけれども、そのお題目が成立する前、つまり、蘭学への傾斜が始まった吉宗のころから、その言わんとするところは日本人に意識されていたこともすでに見たとおりである。そしてその発想は、明治時代に、西欧の科学・技術水準との差が強烈に意識されたときに、とくに強化され、技術と科学の悲劇的な跛行現象が起こったのである。

ベルツの日本科学批判

明治時代のお雇い外国人教師のひとりベルツは、この問題を鋭く突いている。ベルツは、日本の医学を当時定評のあった公使館付き医師ウイリスによって代表されるイギリス系統ではなく、ドイツ系統にならって育てることが決定され（この決定には、例のフェルベックがあずかったと言われる）たのち、その線に沿って選ばれ明治九年に東京医学校教師として、生理学・内科学を担当するために来日したドイツ人医師である。三〇年近くにわたる滞日中日本医学の発展に尽くした功績はきわめて大きい。そのベルツは、明治三四年一一月に、彼の来日二五周年の祝賀会の席上、祝賀の謝辞にしてはきわめて痛烈な演説を行なったのである。少し長いが、引用の価値は十分にある。

「余の見るところによれば、日本人はしばしば西欧学術の発生と本態とに関し、誤れる見解をいだいているのである。日本人は、学問を一つの機械とみなし、年がら年中、それからそれへとおびただしい仕事をさせ、また無制限にどこへでも運搬し、そこで働かしうるものと考えているのである。これはまちがいである。西欧の学界は機械ではなく一つの有機体であり、他のすべての有機体と同じように、その繁殖には、一定の気候、一定の雰囲気が必要なのである。……

しかして諸君、臨場の諸君もまた、最近三〇年間において、多数の右のような精神を守るものを仲間にもったのである。西欧諸国は諸君に教師を送り、それらの教師は熱心にこのような精神を日本に移植し、日本国民に適応せしめんとしたのである。しかし、世間の人はしばしば、彼らの精神を誤解した。世間は彼らを学問の果実の切売り商人とみなしたのである。教師は元来学問の培養者たるべきであり、彼らもまたそのような努力を払ったにもかかわらず、日本の人びとは、外国人教師から現代の学問の結実のみを採ろうと欲した。一方教師たちはまず種子をまこうと考えた。この種子が芽を吹き、日本における学問の樹《き》が、人手を借りずに美しい果実をつけるよう望んだのであった。ところが日本人は、教師から最新の収穫を受け取ることで満足してしまったのである。この新しい収穫をもたらす根元の精神を学ぶことをせずに。

図43　ベルツ肖像

……諸君は資本により（学問という）巨利を手に入れる機会を恵まれたにもかかわらず、わずかに資本の利子を使うだけで満足したのである。

今は遅れを取り返す絶好の時期である。」

（『ベルツの「日記」』浜辺正彦訳　岩波書店より抄出。原文通りではない）

このベルツの評言は、当時の、いやそればかりではなく、日本が西欧科学を摂取しはじめて以来の、日本人の科学・技術に対する考え方の問題点を、きびしく突いたものと言えよう。それは、普通に言われているように、単に、日本が、明治期に西欧科学を本格的に受容しはじめたころが、西欧科学の結実期であり、その結実した果実をもいで収穫した、というような意味においてだけでなく、また、後進性のゆえに、果実を急いで採り入れなければならなかった、というやむを得ない事情だけで説明できるようなものでもなく、もっと根本的な、日本人の自然に対する接し方、付き合い方に由来するような性格をもっているように思われる。なぜなら、この傾向は、けっして、日本人が西欧の科学・技術に接したときにのみ現われるものではないからである。

日本文化に科学は根をおろしたか

日本文化の黎明期、日本人は、大陸と半島の優秀な技術に接し、それを熱心に吸収した。やがて仏教芸術と総称すべき仏像の彫造、寺院の造営、すべて借りものである大陸や半島の水準をさえ凌駕するような文化をつくり上げた。一五四三年に種子島に小銃が移入されると、たちまちのうちに、それを模倣し、さらに優秀な銃を造ることにも成功した。明治以後の西欧的な科学・技術の発展は言うまでもない。こうして日本は、借りもの文化、模倣文化のなかから、それと匹敵し、ときに乗り越える文化を築き上げてきた。そして、現代の日本文化において、自然に対して問いかける「なぜ」は、けっしておろそかにされてはいないし、またその「なぜ」に対する組織的・体系的な答え方も、もともとは借りものである西欧科学流に組織され、成功を生んでいる。

バナールという科学史家は、科学が現代の世界のなかで現われているいろいろな局面をつぎのように分析している（バナール『歴史における科学』鎮目恭夫訳　みすず書房）。

㈠　一つの体制として
㈡　方法として
㈢　知識の累積的伝承として
㈣　生産の維持と発展の重要な一原因として
㈤　宇宙と人間に対する信条と態度とをつくり直す最も強力な影響力の一つとしてある文化のなかに、これだけの条件がそろっていれば、その文化は、科学を少なくとも重要な要素としてもっている、と定義できるのであれば、まさしく、現在の日本文化は、そういう種類の文化であることに異存はあるまい。蘭学時代の洋学者でさえ、㈡、㈢、㈤の条件を満足していた、と主張しておられる学者もある（湯浅光朝『科学史』東洋経済新報社）。借りものであれなんであれ、いま科学は、日本において確かに日本人の生活を支配し、価値観をささえ、生産様式を与え、方法として確立され、累積・伝承される知識となり、また社会体制のなかにもその根をしっかりとおろしている。

科学信仰

それどころか、日本では進化論に関する論争で明らかなように、科学は、あらゆる価値観に優越する最終的・究極的価値観として、絶対的な立場を獲得してしまっているかのようである。どんな主張でも、それが科学的であるというお墨付きさえもらえれば、堂々と通用すると考えられたし、また事実通用もした。加藤弘之があの『進化学より観察したる日露の運命』という論文を、どれほどまじめに書いたかはわからないけれども、「日本が勝つだろう」という希望的観測を理屈づけるのに、「進化学より観察したる」という形容詞のもつ魔力を彼は十分知っていたのだろうし、もしかしたら、彼自身、あの考え方を、まじめに科学的であると信じていたかもしれない。しかも、このような傾向は、現在でも変わってはいない。今から考えれば、きわめて滑稽な加藤の所論も、当時としては、まじめに受け入れられたように、将来科学的にナンセンスであることが判明するような事がらが、現在、科学的として信じられている、という可能性はいくらでも考えることができる。

わずかばかり数式を使ったり、統計的な処理を施したりして、科学的という衣をまとって見せるようなデータ、科学的に確かめられた、ということで安心したり絶望したりする患者たち、そういうように、われわれの生活の上での、究極的な最終価値観を、科学が構成している、という点から見れば、現在日本は、まことに科学的な国であり、科学的な文化圏に属している。それでは、日本人は、ほんとうに、血肉から、科学的（少なくとも西欧科学的）

になったのであろうか。

科学自体が基準になれるか

私の答えは、二重の意味で、「否」である。第一には、自然科学はその本性から言って価値判断の最終的な基準を提供することはできない、という意味で、もし日本の文化社会が、自然科学をそういう基準として採っているならば、そのような文化社会は、科学的ではないのである。第二には、日本人の自然に対する接し方、付き合い方は、現在でも、ヨーロッパの近代科学に特徴づけられるようなそれではないという意味においても、日本の文化社会は、やはり科学的ではないと考えるからである。

自然科学が価値基準、ものごとの善悪を定める最終的な判断の基準を提供することができない、ということは、けっして、自然科学に価値判断が含まれていない、ということではない。むしろ、自然科学という人間の知的活動には、つねに、自然科学の外からの価値判断が働いている、という事実こそ、自然科学が、そういう価値判断の最終的基準を提供できない、ということの証拠となるのである。科学的である、ということは、正しい、ということを意味しないし、まして、善い、ということを意味しはしない。くどいようだが、非科学的である、ということは、誤りである、ということを意味しないし、まして、悪い、ということを意味するわけでもない。

それでは、自然科学がわれわれに教えてくれるものはいったいなんであろうか。私の考えるところでは、それは、人間の自然に対する一つの接し方、付き合い方である。西欧科学は、もともとヨーロッパ人（ギリシア以来の）のもつ自然への付き合い方に発している。ベルツが言う「一定の気候、一定の雰囲気」とは、具体的にはこのことをさしている。そして、このことは、日本人の、自然に対する「なぜ」を組織的に問いかけ、組織的に答えていくことを避ける態度を表わす第二点と関係してくる。そこでわれわれは、その第二点に話を進めてみることにしよう。

西欧での自然との付き合い方

自然との付き合い方という観点からながめたとき、ヨーロッパの特色はどういうものであろうか。ギリシア以来のヨーロッパ思想に特有の思考様式として、主観と客観の分離を認めることができる、という点は、第一章でも触れた。これはそのくり返しになるが、見るものと見られるもの、人間と自然、ミクロコスモスとマクロコスモス、というような対立的概念としてとらえられるこの主観と客観の分離は、もちろん、西洋近代哲学史でいう主客のあからさまな分離とは少し意味が異なるにしても、一つのギリシア科学思想をささえる大きな柱であったと言うことができよう。

人間を自然から切り離し、自然の外に立つ観測者の位置（それはある意味で神の位置でもある）に人間を置く、ということがあって初めて、自然の現象を、組織的にとらえるという一つの自然との付き合い方を養う目が、育てられたのではなかったであろうか。しかも、一般には自然科学の対立概念のように考えられているキリスト教思想も、けっして、このような傾向に不利には働かなかった。一方に、この世界の合理性に対する確信——それは、神の被造物としての世界、という発想に由来する神の合理性への信頼であったが——があり、また一方に、神の似像である人間が、神の立地点（それは、完全に自然の外にあって、外から自然をながめることができる）に自分を置いてみることを試みることが可能である、という二つの点は、ギリシア的な主客の分化を、さらにいっそう推進したと言える。

日本での自然との付き合い方

これに対し、日本人一般の自然に対する付き合い方はどうであろうか。少なくとも、ギリシア思想におけるマクロコスモスとミクロコスモス、キリスト教思想における神の目からながめられた自然、そしてヨーロッパ近代思想における主観と客観の概念、こういった人間と自然との峻別の上に立った自然との付き合い方は、けっして日本人の思想的風土のなかに見ることはできない。人間は自然と対立すべきものではなく、自然のなかに没入すべきものであり、自分が自然に溶け込むことにより、そのなかで味得すべきものとなるのである。そのような態度のなかに、自然に対してきびしく「なぜ」の答えを追求して行く姿勢は広がらなかったであろう。

そのうえ、日本人の本来の自然観には、自然を改変すべきもの、統御すべきものとしてとらえる、という感覚——それは最も基本的な意味での技術的感覚と言うことができようが——さえ、それほど濃厚にうかがうことはできない。自然の与えてくれる四季の変化を、受動的に受け取り、それに人の手を加えることをきらう——たとえば、完全な冷暖房はぜいたくだ、というような意識は、今でも日本人の多くが心の奥底にもっているように思われるが、それは、ぜいたくをきらうという儒教的な感覚よりも、自然に手を加えることをきらうという日本人本来の感覚に、より深く根ざしているのではないであろうか——、自然に随順し、自然に任せ、自然のなかに自らをゆだねることを最も尊ぶ、という自然との付き合い方は、よく言われるように、日本の四季の変化や気候条件が、それほど苛烈でないということも手伝って、日本人の最も深い心情を、今でもかなりな程度支配しているように思えるのである。

日本人の不正直さ

こういう日本人の自然との付き合い方の特徴は、もちろん、従来しばしば指摘されてきたことであって、私がここで事新しく述べるまでもないが、この特徴が、おおげさに言えば、日本の思想構造（少なくとも自然観に関するかぎり）に対して、一つの大きな特異性を生んでいるように私には思われる。

すでに私は、科学・技術という観点から見る場合には、日本文化は、つねに借りもの文化であった、ということをくり返し強調してきた。その上、日本人が良い意味でも悪い意味でも模倣がじょうずである、ということも、確かに一般に認められている。つまり、借りものを自分のものにすることがうまい、というのである。

これだけのことから判断すると、日本人はきわめて不正直な国民ではないかと思われてくるのである。もっとも、不正直という語は、正直という善徳に対立する悪徳という、価値判断を含んでいるので、私はできれば使いたくはないのであるが、そうかと言ってこれ以外のことばが見つからない。そこで、不正直ということばから、差し当たって価値判断を抜いて使うことをお許しいただいたうえで、日本人の不正直さを説明してみたいと思う。

日本人の自然との付き合い方が、少なくとも今までのあいだ、一貫して変わらなかったことは先に見た。その上に、日本人は、その時代時代にはいってくる借りものの自然との付き合い方（科学）や、それを通じての自然を統御する方法（技術）やらを、平然と受け入れてきた。つまり、俗なことばで言えば、本心は全然変えずに、うわべだけを、そのときどきの武器で武装したのである。不正直というのはこのことをさす。

日本思想の二重構造

この二重構造のパターンは、これまでの歴史的な記述を振り返れば、そのなかにしばしば現われていることに読者は気づかれよう。林羅山がファビアンと論争したのは、羅山の朱子学、ファビアンのヨーロッパ科学、という二つの借りものどうしのあいだの闘いであり、いわば武器と武器とが切り結んでいる形であろう。ところが、結果として最終的に守られたのは、朱子学でもヨーロッパ科学でもなく、日本人本来の自然との付き合い方ではなかったろうか。

蘭学期、洋学期を通じて、「和魂洋才」の精神は、けっきょく忘れられたことはなかったが、その際「洋才」によって守られるのは、やはり「和魂」のほうであったと言えないであろうか。

明治時代に科学理論として導入された生物進化論の場合には、このパターンがみごとに浮かび上がる。生物進化論という一つの科学理論は、その背景となるヨーロッパ的な自然との付き合い方とはいっさい無関係な、特殊な国体主義を擁護する武器となり、また一面、それと同じ背景をもっているはずのキリスト教思想攻撃の武器でもあり、また社会主義というやはり外来の思想を攻撃する武器でもある。しかも、そういう闘争は、結果的に、日本人の自然との付き合い方を根こそぎ改変するかしないかの、ぎりぎりのところで争われているのではなく、そういう本来の自然との付き合い方は、思想構造の基底部にまったくゆるがずに存在し、上部構造どうしのあいだでの争いという形をとっているように思われる。

対決の回避

このようなパターンを認めるためには、いかに日本人が、外来の思想（科学を含めて）を簡単に、抵抗なく受け入れ、また受け入れたものを捨て去ってきたかを、振り返ってみるのも一方法であろう。儒教的自然観にしても、仏教的自然観にしても、どれほどすなおにあっさりと受け入れられ、また西欧科学の導入とともに捨て去られたか。そこには、確かに、自分たちの本来もっているもの、守るべきものとのきびしい二者択一に立たされた血のにじむような苦悩はない。闘いの苦悩はあっても、それは自分たちの守るべきものと外来のものとの闘いではなく、守るべきものは隠しておいたうえで、外来のもののどれを選ぶのがよいか、という外来のものどうしのあいだの選択のなかでの闘いなのである。

とくに科学・技術の場合、日本においては、何度も述べてきたように、技術としての面が強調されながら受容されてきたために、さらに、科学がそれを生んだ思想的・文化的な培地などとは関係のない（とことさらに強調された）純客観的なものとして受けとられてきたために、人間の自然に対する根本的な態度という局面での対決は、みごとに回避され、スムーズに日本文化のなかに浸透した。日本が西欧科学を切り花として輸入した、という言い方は、このようなパターンのなかでとらえられて、初めて正当性をもつのではなかろうか。

つまり、日本人は借りものを自分のものにするのがうまい、と言われているけれども、事実は、借りものを自分のもののように見せかけるのがうまいのではないだろうか。見せかけるという語感もあまり良くはないが、私はここで価値判断を下しているのではない。西欧科学・技術の背景となっているヨーロッパの発想法の本質が、日本人としての本質にとって代わるのでないかぎり、西欧科学・技術を自分のものとしたと言うことはできず、逆にもし、日本の過去においてほんとうに、そういう形での基本文化型の交替が行なわれたとすれば、その交替は、これほどスムーズに遂行されたはずはない。その意味で、日本の基本文化型に由来する自然との付き合い方は、現在でも変わっていないと言わざるを得ないことになるのである。

基本文化との対決

こうしたことが、過去においても気づかれなかったわけではない。たとえば、日本の基本文化型そのもののなかに、西欧科学・技術の背景としてのヨーロッパ的発想をゆがめ、矯《た》め直し（これまでのように、不問に付すのではなく）たうえで、西欧科学を取り込もうとする企ては、近代日本においても、試みられたことがあった。例をあげれば、その一つは、太平洋戦争当時の「日本的科学」の主張であり、第二は、戦後の民主主義科学者協会の提唱になる「国民的科学の創造と普及」という運動であった。

「日本科学とは、日本人が日本人本来の立場の自覚に立って、自己本来のものの感じ方、考え方を十二分に発揮しつつ創って行くところの科学である。……いわゆる純粋科学はあたかも欧米の永久租借地のごとく傲然《ごうぜん》と構えていて、われわれの主体的な判断を曇らせ、われわれの本性に基づく創造的な意欲をさまたげるというような偏《かたよ》った性格のものではなく、両者が渾然一体をなして、どこを切っても日本的性格のにじみでるようなものである。」（表記などは多少変えてある）

これは、前田隆一という人が昭和一九年に書いた『日本科学論序説』のなかの一節である。ここには、日本人の本質に由来する科学を求める至上目的が語られているが、その日本人の本質の分析と、そこから由来すべき科学の見通しとが欠如している。そして仮に、今までの私の日本文化についての分析が多少なりとも当たっているならば、前田の言うような意味での「日本的」科学が樹立される可能性は、元来ないのではないだろうか。

新しい対決

一方、民主主義科学者協会は、終戦の翌年、国内総民主化の波のなかで、戦時中激しい弾圧を受けた唯物論研究会のメンバーを中心に、戦中の国策協力への強い反省に駆《か》られる多くの科学者・技術者を集めて結成された科学研究者の集まりであった。戦後一〇年間を通じて、この協会（「民科」と略称される）の果たした役割はけっして小さくないのであり、現在でも、全国的な組織こそないし、当時ほど派手ではないが、多くの分科会が地道《じみち》な活動を続けている。

しかし、発足当時には、その活動の中心をなしたのは一群のイデオロギストであり、それだけに昭和二一年一一月に日本共産党の出したいわゆる「科学技術テーゼ」と呼ばれる日本の科学の現状分析は、当時の民主主義科学者協会の活動方針に影響するところが大きかった。その分析は、民間研究機関が利益追求のみを考えるために、科学・技術が伸びず、人民の生活の非科学性、科学者側の社会意識の欠如、などが日本の科学を跛行状態に追いやり、こういう状況を生んだ天皇制、封建的土地制度、独占資本主義体制に対する闘争を通じてのみ、日本の科学・技術は自由に発展することができる、というものであった。

このような認識が具体的な形で現われたのが、昭和二七年に、民主主義科学者協会の方針として打ち出された「国民的科学の創造と普及」であったわけである。日本民族の人民に奉仕する独自の科学、国民をアメリカ帝国主義から解放するために奉仕し、そのための武器として日本の人民のなかに生きる科学、そのような科学が、至上目的として求められていたのである。内容は、さきの「日本的科学」の主張と正反対であるが、発想のパターンは両者とも完全に同じであるように私には思われる。

この後者の発想は、科学・技術を、それ以外の自分の守るべきもの（つまり当時の概念での公式マルクシズム）のための武器として用いる——実は前者も、「日本的科学」の主唱というよりは、「日本的科学」を武器にして、八紘一宇《はっこういちう》式の「日本精神」を守ることに主眼があるのであるが――という、日本における科学・技術観の典型的な型を示しているが、そのことのほかに、「日本的科学」の主張と同じように、西欧に育った近代科学の背景を「日本人民」のものに変えようという意識が働いていることが認められるであろう。

不正直さは賢明だった？

日本人本来の自然との付き合い方から発した自然科学がありうるとしても、それは、少なくとも、自然を統御する方法（技術）に結び付けられたとき、はたして西欧近代科学ほどの有用性、目的充足性に到達できるかどうかはきわめて疑問であり、また、「国民的科学」の場合のように、政治的なイデオロギーから、日本人の根本的な自然観をも「人民」的に変革し、それに適合するように自然科学自身をも改変させることは、少なくとも現代では大きな抵抗があろう。

こう考えてくると、日本人が、その歴史の最初から示してきた外来文化、とりわけ自然観の摂取・受容に際しての不正直さは最も賢明な方策であった、という見方も成り立つと思われる。

御用科学への危険

しかし、仮にこのような日本の科学思想の構造に関する歴史的評価が正しいとしても、今後もそれでよい、という将来への見通しは、必ずしも認められたことにはならないであろう。第一に、科学・技術を、日本人の思想の本質的な基底部にかかわらない、上部のみの武器として考えているかぎり、つねに「御用科学」になるという一つの危険がつきまとっている。それは、明治期の生物進化論の例が典型的に示すように、自分の主義・主張、政治的イデオロギーを合理化するために、非常に安易な形で科学理論が利用される（生物進化論の場合には、すでに見たように、その基本であるダーウィニズム自身に、そのような傾向を助長する論理的欠陥が含まれていたことは事実である。けれども、これもすでに触れたように、科学が、根本的な価値判断の基準を与えることができない、という意味では、西欧近代科学の背景となるヨーロッパの思想的風土を落として考えられた西欧科学は、つねに、そのような単なる自説合理化の武器として使われる危険をはらんでいると言わなければならない）という事態を生む。

この事態は、例の民主主義科学者協会の提唱した「国民的科学の創造・普及」のスローガンのなかにも見られる。もちろん、この場合の科学の利用を危険と見るか、望ましいことと見るかは、その人の立つ政治的イデオロギーによる。しかし、ここで問題にしているのは、立脚点としての政治的イデオロギーが、正しいものにせよ正しくないものにせよ、自然科学が、その本来の目的と異なる役割を果たすことの危険を指摘しているのである。

このことは、さらに論を進めれば、科学・技術がつねに既存の国家権力や社会機構・社会体制に奉仕する、という事態を導きかねない。科学が軍事協力のみに限定された太平洋戦争当時の日本科学の総動員体制、あるいは、現在国家建設のために同じように科学・技術者の総動員が図られている中華人民共和国の体制、こういった状況の評価は、世界観の違いによって大いに異なるではあろうが、しかし自然科学の立場からながめた場合には必ずしも望ましい状態（少なくとも尋常な状態）とは言えないことははっきりしていよう。進化論を使って明治政府の国体主義を擁護した加藤弘之の例はもちろん、ブルジョア的遺伝子遺伝学を排し、人民的な遺伝学を立てて当時のスターリン国政に協力したルィセンコ学説の顚末《てんまつ》は、われわれの記憶にも新しいが、これらは政治的イデオロギーに奉仕する御用科学の姿をわれわれに教えてくれる。

基本文化の変動期

将来の見通しに関して指摘しなければならない第二の点は、最近の新しいいわゆる技術革新の波とともに、長年にわたって日本人の自然観の最底部を牢固として支配してきた日本的な自然との付き合い方が、好むと好まざるとにかかわらず、現在まさに変動しつつある、少なくともゆらぐ兆候を見せはじめている、という点である。つまり、西欧的な科学・技術とその背景とが、日本の基本文化（副次的な文化ではなく）としての位置を、今になって獲得しつつあるのではないだろうか。社会構造的に見れば、日本人の自然との付き合い方の象徴である「土地」を媒介とした農業文化《アグリカルチユア》は、農村人口の都市流出とともに、ようやく、日本の文化社会構造の中心ではなくなってきていることがそれを示している。社会現象的にも、もはや現在の日本の、とくに人口の大部分を占める都会の状況が、従来の日本人の自然との付き合い方を許すような事態でなくなりつつあることも明らかであろう。

もしこうした変換が、日本の文化の最基底部——自然との付き合い方を含む——にまで達する根本的な性格をもっているとすれば、そういう時期に当たって、われわれはどういう見通しを立てなければならないであろうか。

将来への見通し

西欧科学・技術の背景であるヨーロッパ的な自然との付き合い方を、そのまま、われわれの基本文化として取り入れるべきであろうか。はたして、それが可能であろうか、またそうしなければならないものであろうか。あるいは、戦時中の「日本的科学」や民主主義科学者協会の「国民的科学」の提唱を新しい形でくり返し、基本文化のあるべき姿、理想像を、ある価値基準からの演繹によって定め、その理想像から独自の科学・技術を作り上げるべきであろうか。そういうことができたとして、その独自の新しい科学技術文化が、はたして西欧科学技術と同様に有効に働くことができるであろうか。もしあとの道を選ぶにしても、その自然との付き合い方を中心とする基本文化の理想像が、偏狭な民族主義やナショナリズムに基礎を置いているかぎりは、今までと同じような失敗のくり返しに終わることは、すでにながめてきた簡単な歴史的展望からも、容易に想像がつく。とすれば、新しい科学・技術への道をたどるとしても、単なる民族主義を越えた視点が必要であろう。

このように考えてみると、科学・技術を通して見た場合に現われる日本文化の二重構造が、現在徐々にくずれはじめているという事実に対処するわれわれの姿勢は、今後の日本にとってきわめて重大な意味をもっていることがわかるはずである。

解答への一つの提案

私はここにその解答を用意しているわけではない。しかし、その解答を読者の方々が自分自身で見つけ出されるための、一つの方法を示すことはできるような気がしている。それは、つぎのような点である。

現在（一九七〇年代）、その科学研究の行なわれている範囲の広さと深さ、またそれらの研究の達成した成果の大きさ、あらゆる点を取り上げてみて、最もすぐれた科学・技術水準にあるのは、アメリカ合衆国とソヴィエト連邦という二大強国であることは、好むと好まざるとにかかわらず認めなければならない事実であろう。しかもこの二国は、世界の科学史の流れにおいてはけっして主流ではなかった。

アメリカの建国は、日本の明治維新より一〇〇年早いだけであり、国家の構成員は、ギリシア以来の伝統を受け継ぐヨーロッパ人ではあるが、しかし、国家としての歴史的伝統はきわめて新しい。したがって、アメリカが科学史の流れのなかに現われてくるのも当然ここ一五〇年ばかりの間である。一方ソヴィエト連邦は、ヨーロッパの伝統からはずれていたことでは、同じ事情にある。もっとも、従来の科学史では、ロシア人の名前が登場するのは、せいぜい元素の周期律を初めて現在の形にまとめたメンデレエフあたりからであるが、これは、今までの科学史があまりに西欧中心にかたよっていた結果であることはまちがいない。だが、それにしても、ロシアが、世界科学史のなかで傍系であることには変わりがない。

これら二国が現在世界の科学・技術を最高水準に推し進めている、という事実に、われわれはいったい、どういう理由づけを求めればよいであろうか。もちろん、資源面での圧倒的優位さを考えないわけにはいかないにしても、これら後進二国（西欧中心の見方をすれば、米ソとも後進国である）が科学・技術をみごとに同化・定着させた成功を忘れることはできないし、その成功の裏面における科学・技術の同化・定着を助けた彼らの思想的風土、培地の存在にも目を向けなければならないように思われるのである。たとえばアメリカのプラグマティズムと科学・技術との関係も、そういう観点から、もう一度詳しく調べなければなるまい。

中国の進む道

もう一つ興味を引かれるのは、現在、思想構造の根本的改造から手をつけ、そのうえに独自の科学・技術を建設中の中華人民共和国の場合である。過去において、くり返し西欧科学の力の徹底的な優位を経験させられ、それを契機として西欧科学・技術の移植発展を図って成功しなかった中国大陸で現在進行中の、一般の科学・技術発展史のなかではほとんどほかに類例のないこの方式が、果たして今後どのような結果を生んでいくかは、単に、科学史のうえでの興味だけではなく、広く人間の文化活動の本質に迫る問題を含んでいるように思われるからである。

もとより私は、さきほど提起した問題を解決するためには、アメリカ合衆国やソヴィエト連邦のとった方式、あるいは中華人民共和国のとりつつある方式のどれかを、基本文化の変革期にさしかかっている日本が、そのまま踏襲するかどうかを決めるのも一つの方法である、という意味で、このような例に触れたのではない。

比較科学思想史の重要さ

ただ、こうした思想構造の根本から掘り起こしていくような形での科学史的分析を、アメリカやソ連の成功例に加えることによって、日本の将来の基本文化の進むべき道を探るための材料とすることができる、という意味で考えてみようと提唱しているに過ぎない。しかも、この観点に立つときには、単にそういう成功例だけでなく、他のさまざまな文化圏に、その住民の意図のあるなしにかかわりなく、圧倒的な力を示しながら、西欧科学・技術が浸透していく際、西欧科学・技術が、どのような衝撃を与え、どのように排斥され、どのように既存の基本文化と癒着していくか、このような問題を比較検討することもきわめてたいせつであることが明らかになるであろう。比較科学思想史を提唱する所以《ゆえん》である。

科学と社会

日本が、科学を技術と考え、自然をコントロールする手段とみなし、日本人自身の奥底にある独特の自然との付き合い方には手をつけずに、問題解決、目的達成の道具、器械として西欧科学を処理できる時代は、ようやく終わりつつある。科学・技術は、現在では、われわれ一人一人を、いやおうなく縛る思考上の枠組《わくぐみ》として、自然に対する西欧的な「なぜ」の追究方法を強制しているばかりではない。それに付随してもたらされた社会機構が、科学・技術を自らの都合の良いように利用する、という現象、つまり科学する主体の側が、造り上げられた社会機構の束縛から自由になりえない、という体制的な欠陥が、現在の日本にも、太平洋戦争当時と同じように、より深刻な形で起こりつつある、と言えないこともなかろう。したがって、どういう社会機構、社会体制が科学・技術を最も全人類の幸福のために役立たせうるか、ということも、一つの大きな問題として見のがすわけにはいくまい。

科学・技術はそれだけで独立し完結している客観的で唯一至上の体系ではけっしてない。それと結びつく社会機構や基本文化、そしてその奥に存在するわれわれ人間を除いて科学・技術を語ることは無意味である。日本の科学・技術を論じるに当たって、日本の社会構造、日本の思想構造、日本人としての意識などとの結びつきを、世界のなかで考えることこそ、最も重要ではあるまいか。

補章（一九七七年版）

昭和三〇年から五〇年の日本

昭和三〇年、日本は、いわゆる家庭電化時代の幕開けを迎えていた。

この頃には、初めてトランジスタ・ラジオが発売された。この年、テレヴィジョン受像機（契約数）は五万台を超えた。この数は翌年には三〇万台を突破する。同じ年、国産初の電子計算機が稼動を始めた。実はこの年、水俣湾に原因不明の患者（死者三六人を含む）が発生している。多分、読者は多少驚かれると思うが、東海道本線全線が電化されたのは、ようやくこの昭和三一年である。翌年には東海村の原子炉（国産ではない）に火が入る（国産は五年後の三七年である）。翌三三年には、日本で初めてステレオ・レコードが発売され、テレヴィジョンの契約台数は一〇〇万台を突破する。三四年に、日産自動車が初めて一般大衆を対象とした車種を発表する。この年にいわゆる「岩戸景気」によって日本の経済力にようやく火が点くのである。

翌三五年に、世界で最初のトランジスタ・テレヴィジョン受像機が発売される。この年には契約台数は実に五〇〇万台を超え、カラーによる放送が始まるのである。三六年には電子装置内蔵の大衆カメラが初めて発売されている。スモッグという概念が社会化したのは昭和三七年のことである。サリドマイドが発売停止になるのもこの年。昭和三八年には大阪で我国初の横断歩道橋が生まれた。これはモータリゼーションの一つの徴表として注目される。

新幹線が営業を開始したのは昭和三九年一〇月のことだった。原子力発電が営業用に稼動し始めたのが四一年である。翌四二年には全国の自動車保有台数が一〇〇〇万台を突破している。この年、昭和元禄という、今では忘れられてしまった言葉に酔いながら、世は、車(カー)、クーラー、カラー・テレヴィジョンのいわゆる三C時代を謳歌していた。しかし、当時ほとんど人の目につかなかったが、同じ年、四日市ぜんそくの患者から、石油コンビナートの各社を相手に、大気汚染に対する初の訴訟が起こされていることを忘れずにおこう。

進歩への暗雲

こうしてざっと昭和三〇〜四〇年の前半を顧みて、はっきりすることは、神武景気—岩戸景気—昭和元禄という物質的繁栄のなかで、科学技術の物神化とともに、それに対する微《かす》かな暗雲が予感されかけていたことだろう。この本が書かれたのは、そうした繁栄のまさしく頂点であった。

この頃を頂点と言うのには、それなりの理由がないわけではない。いわゆる学園紛争によって、学生たちがそうした社会的状況に拒否の声を上げたのは、昭和四三年の後半からであった。翌四四年には、長らく殺虫剤の革命として神話化されてきたＢＨＣ、ＤＤＴの製造が停止され、四五年は万国博覧会を大阪に迎えて、現代文明への選択を模索したが、そこにはもはや、手放しの楽観主義と圧倒する科学・技術推進のヴァイタリティというよりは、そこはかとないためらいと、微かな転進の徴表とがただよっていたように思われる。万博の標語「人類の進歩と調和」そのものが、すでにあからさまな開発・進歩への確信と、それに拮抗する動きとの妥協の産物であったと見ることもできる。同じ年、東京都では光化学スモッグ騒ぎが一般化し、静岡県田子の浦のヘドロ騒動など、「公害」という言葉が、完全に定着したのである。

反科学主義の擡頭

そこから進歩を否定し、西欧近代を否定し、科学・技術を否定し、合理主義を否定し、物質的繁栄を否定する態度が生まれてくるまでに、さして時間はかからなかった。反進歩の思想、反科学論が流行になり、一転して西欧近代主義は、現代のありとあらゆる否定面の罪禍を担ってその一切を覆滅されるべき存在ということになった。そしてその反動として、人びとは「東」を求めた。それはインドやネパールの秘境（あるいは大麻による精神の秘境）へのあこがれにすりかわった。

この書物が書かれた昭和四二年は、科学・技術の物神化の頂点にあった、ということは先に述べた。この書物に多少とも取り柄があるとすれば、そうした状況のなかで、しかし必ずしも西欧近代の科学技術の発展を無条件に認めているわけではない、というところにあるかもしれない。だがしかし、翻って、それ以後の一〇年間の、いわゆる「反科学主義」を先取りしているかと問われれば、明らかにそうではない。

しかも、私は今日でさえ、決して「反科学主義」が正しいとは考えていない。この補章は、日本近代科学が歩みついた現在の科学・技術の物神化とそれに対する反動としての「反科学主義」との狭間にあって、われわれはどのような建設的な見通しをもつことができるか、という問題についての、私なりの貧しい見解を披瀝《ひれき》することに充てられている。

科学の移植とその培地

本書の中で繰り返し述べてきたように、科学は近代西欧に生まれ、そして育った。西欧近代以外に、今日の科学を産んだ文化圏はほかになかった。このことは、絶対的な客観性、絶対的な普遍性を標榜《ひょうぼう》しているはずの科学が、それを産み育てる思想的培地に、少なくとも間接的に依存していることを示す一つの現実である。

したがって、近代西欧と同じ思想的培地をもたない日本に、科学が移入されたとき、それが、日本における基本的な思想構造とどのような関係を形造ったかという点が、本書の一つの関心事であった。もちろん、科学の移植が行なわれる以上、それを産み育てた思想的培地と完全に切り離して、それが可能であるとは思われない。

すでに紹介したベルツの評言は、日本が科学のなかで果実だけをとって、それを作った「雰囲気」を移入することをしなかった、ということを鋭く指摘していたが、確かに、明治時代、とにかく列強に伍《ご》して近代国家を造り上げるという急務に駆り立てられていた時代にはとりわけて、さらにその後の日本の科学のあり方を見れば独りそうした時代のみならず「追いつけ追い越せ」というあの発想をそれほど緊急な必要事としなくなった今日まで、ある程度は、ベルツの評言は当たっているにしても、しかし一方から見れば、移植が可能であったということ自体のなかに、すでに論理的に見て、近代西欧の科学を産み育てた思想的培地の一部は必然的に科学に伴われて日本に移入されていたということが言えるし、それが根本的に日本の基本的思想構造と入れ替わったのではないにしても、それを少しずつ変容させた、と言うことは指摘できよう。

それを余り表立って認めることなく、いわば、自らの思想構造に被った変容の衝撃を素知らぬ顔で受けとめ、表面的には「果実のみ」を受け容れた風を装った、というような表現もできるであろう。日本人の「不正直さ」と言ったのは、そのことでもあった。

「根こそぎ否定型」の理論

しかし、日本の知的営為を支える思想の基本組織が、西欧のそれと換骨奪胎式に入れ替えられたのではないとすれば、当然、その上に立てられている日本の科学技術が、西欧のそれとは微妙に違ってくることが予想される。そしてその問題は、近代科学技術一般のもつ跛行的な性格――それが今日の「反科学主義」を醸成した最大の原因であろうが――との関係において、日本の科学技術の跛行的な性格を論じなければならないという複雑な事態へ、今日のわれわれを追い込んでいると言える。

すでに述べたように、近代科学技術の「矛盾」が露呈されてくるに伴って、その跛行的状況の打開の道として「東」を求める試行が、少なくともここ十数年、執拗に重ねられている。これは、一種の「根こそぎ否定論」へ繋がる発想と言ってよい。近代科学技術の「罪科」を告発し、それを否定すると同時に、それを産み育てた西欧近代そのものまで根こそぎに否定し、その代替の選択肢として「東」を志向しようとするものだからである。この「根こそぎ否定型」は、世界的に反近代化論と結びついて、簡素で自然な生活を求めるヒッピー意識のみならず、現代西欧文明に対する反動的部分をかなりな程度まで掌握したし、それが、中国の現代の試行錯誤の一つである土法などに対する過度の期待となって噴出したりした。

一方、西欧世界の内部で、この「根こそぎ否定型」の反近代主義が、「東」を向かない形で現われるとどのようになるであろうか。その一つの典型をリン・ホワイトの所説に見てみよう（青木靖三訳『機械と神』みすず書房）。

罪はキリスト教に

ホワイトは、近代科学技術の特徴を、自然の極端な対象化として把える。自然を、人間の自由な裁量に任された対象物として取り扱う、という態度こそ、西欧近代の科学技術の根本に横たわるものと考える。そこには、自然の感情とか気持とかを忖度《そんたく》するような余地は全くないことになる。そして、こうした態度の源泉を、ホワイトはキリスト教の自然観に求めるのである。

つまりホワイトの主張によれば、キリスト教の正統的な教義に従えば、感情や気持、言い換えれば「心」をもち得るのは人間だけであり、人間以外の被造物はすべて、人間の救済という神の計画を実現すべく、神が人間のためにしつらえた道具立てに過ぎない。だから、人間は、神の準備してくれたその道具立てを自分の意のままに使いこなすことを本来許されているのであって、そこからは、自然が感情をもつ、というような発想は弾き出され、それゆえ自然の感情を忖度するなどという考え方も当然認められなくなる。その結果が人間の手による自然の恣《ほしいまま》なる簒奪《さんだつ》という今日の生態学的危機を招いたのだ、というのがホワイトの言い分である。彼は近代科学技術を産んだ「子宮」こそキリスト教の正統的教義であると言い切って、キリスト教を指弾する。

このような所論は、多かれ少なかれ、今日の反近代主義者の共有するところである。ではホワイトは、そのように人間と自然とを峻別せず、本来その両者が未分化であり融合しているとみ看做してきた、と言われる「東」へ、そうした生態学的危機の救済を求めるのか。答えは否である。

解決もキリスト教に

ホワイトは、キリスト教が今日の生態学的危機へ地球を追い込んだのだから、キリスト教自体にその解決の責任をとらせようとする。ホワイトは、キリスト教の正統的な教義は上に指摘した通りだが、しかし、キリスト教の長い歴史において、かつて異端として片付けられた理念のなかに、解決を示唆するものがあるのではないか、と問いかける。そして彼は、それをアシジの聖フランチェスコに見出すのである。

周知のように聖フランチェスコは、小鳥と語り合い、狂暴な人喰い狼を手なずけて友としたという伝説が示すように、人間と自然との間の垣根を取り外し、ホワイトに言わせれば生物界に相互の平等の権利を保証する「民主主義」を打ち立てた。その精神こそ今日の近代主義が忘れていたものだ、というのがホワイトの主張であった。

これは、安易な「東向き傾向」には必ずしも追随しなかった西欧の反近代主義者にとっては、一つの可能性と映ったのだろう。ホワイトの祖国アメリカでは、多くの反近代主義を標榜するエコロジスト——急進派から穏健派まで——が、聖フランチェスコをエコロジーの守護の聖人に祭り上げようとさえしたのである。

人間と自然との融合で解決できるか

ホワイトの場合は「西」には「西」を、という形で解決策を探った一例であった。けれども、現在の「生態学的危機」が、人間と自然との間に措定された隔壁を取り除くことによって乗り越えられるという発想は、たとえ安易な「東向き」のバスに乗るつもりはなくとも、やはり一面的に過ぎよう。たとえば、本来自然と人間とを厳密に区別せず、四季折々の自然の変化を愛《め》で、花が咲いたと言っては歌い、散ったと言っては嘆き、花鳥風月を愛することにおいて西欧に遥かに優ると、自他ともに許していたはずの日本が、世界有数の公害国と言われ、公害のモデル・プラントとして数えられるに至ったのはなぜか。

むしろ、すべてを自然に委ね、自然に任せておけば自《おのずか》ら然《そ》うなって行くであろうと期待して、自然を人間の手で厳しく管理しようとする努力を怠っていた結果が、日本の今日の状態ではないのか。

その点は確かに日本人の間に一つの大きな誤解があるように思われる。つまり、自然とは、人間の手にかからないもの、という先入観にわれわれはとらわれ過ぎていはしないだろうか。自然を人間の手で厳重に管理しないでも、つまり人間の手をかけないで放っておいても、決定的、致命的に人間を滅ぼしてしまうほど自然が苛烈でも残酷でもない状況のなかで暮してきた日本人にとって、自然は、人間を温かく抱きとってくれる母のごとく考えられていたことが、その先入観を助長したとも言える。しかし、人間にとって住み易い自然環境を造り上げ、それを維持して行くことが、どれほど厖大《ぼうだい》な人間の手とエネルギーとを費すかを知っている砂漠に住む人びとにとって、人間の手をかけずに放っておかれた自然などというものが絶対的な価値観になり得ないことは当たり前過ぎるほど当たり前のことである。

善玉としての自然

「自然」が一種の絶対的価値としてまかり通り、あるがままの「自然」を変えるものはすべて悪であるという善玉・悪玉意識がはびこる日本の現状自体が、奇妙な錯誤をはらんでいることは確かだが、あるいはその錯誤は、あらゆることを「自然」の働きに任せて平然としていた錯誤のちょうど裏返しなのかもしれない。

そもそも人間が自然のなかに存在したということ自体が、すでに「あるがままの自然」などという概念を無意味にしてしまったのである。人間は、二足直立歩行による両手の完全な解放によって、道具を使うことを学び、それによって、「あるがままの自然」が与えてくれる以上の食料を自ら造り出すことによって、「あるがままの自然」によって養われ得るよりも遥かに多くの個体数を維持し、増加させてきた。まさに人間が人間となったそのときから、人間は「あるがままの自然」を失い、人間の手に管理された自然を手に入れたと言うべきだろう。そして、もしそうなら、望ましい自然環境を管理によって維持しなければならないことは、人間の宿命であり、それに多くのエネルギーを費し、投資をし、対価を払うのは、これもまた人間である限り免れ得ない。もし善玉・悪玉を言うなら、人間の存在そのものがすでに悪玉なのであろう。

もちろんこのことは、私企業の営利追求の陰での怠慢や行政の立ち遅れに対する免罪符には決してならない。いやむしろ、単純な善玉・悪玉論ではなく、望ましい自然環境の管理維持にどれほど莫大なエネルギーと細心の注意とが払われなければならないかを徹底的に認識することの上に、初めてわれわれは、本当の怠慢や立ち遅れを告発するための基盤を築くことができよう。

話が少し先へ飛んだので、元へ戻すことにしよう。

日本への期待

少なくとも「根こそぎ否定型」が「東」を向くにせよ、「西」のなかに新しい選択肢を探すにせよ、それで今日のわれわれが陥っている危機が回避されるというわけではないことは、どうやら確かなことのように思われる。ところで、欧米における私の貧しい経験においても、このような危機に対する解決の道を探すという場合に、われわれ日本人にとっては意外なことかもしれないが、日本が新しい道を見出す最短距離にいるのではないか、という期待が、かなりな人びとの間にもたれていることを知らされた。そういう種類の問題を論ずる会議でも、あるいは直接は無関係な話題を話し合う機会にも、公的にも私的にも、日本人がこの問題について指導的役割を果たすべきだし、また事実そうなるだろう、という発言をたびたび聞かされた。

このような期待は、単なる外交辞令では無論なく、また、日本の公害の状況が世界でも有数の状態にまで達しているという現状認識に直接由来するものでもない、ということに私は気づいた。実際、彼らは半ば以上本気でそう思っているところがあるのである。

しかもよく訊いてみると、そのような期待は、現在の西欧近代的な科学技術の「根こそぎ否定」の上に立って、それに替わるべき新しい選択肢の創出ということに向けられているのではなく、科学技術の有効性を認めつつ、それを望ましい方向へ舵を取るための何らかの手段の発見に向けられていることが判るのである。

つまり彼らの言い分は、日本人は、自らの非西欧的思想基盤の上に、科学技術を受容した。もちろんそれは、先に指摘したように、完全な継ぎ木というわけではない。西欧の思想的培地もまた日本の思想基盤のなかに取り込まれた。だが、それは決して徹底的なものではなかった。つまり、今日の日本の科学技術を支えているのは、西欧近代の培地と日本本来のものとのアマルガムだ、という解釈が成り立つ。

「不徹底移植」への評価

かつて、こうした不純なアマルガムを培地とする日本の科学技術は、純粋な培地をもつ西欧のそれに比して、つねに不利だ、という言い方がなされたことがある。そうした意見を、仮に「不徹底移植諦め型」と呼んでおこう。この型の議論は、近代西欧の科学技術に一〇〇パーセントの価値を置いた上で、それを育て維持するための培地が純粋とは言い難い日本の場合には、結局のところ、純粋に独創的な科学技術上の業績は生まれないだろうと考え、日本はその意味では二流の上どころの業績をもって科学技術の進歩に貢献することに甘んじるべきだ、という一種の諦念へと結びつくことが多かったのである。そうした論調が、内外の論者の間に聞かれたのも、そう古い昔のことではなかった。

しかし今日、近代西欧の科学技術に一〇〇パーセントの価値を置くことが無意味になってみると、この日本の「不徹底移植」は「諦め」へ誘うものというよりは、未知の要素を含むものとしての期待を寄せられることになったわけである。第一に、科学技術を生んだ西欧近代の思想的培地には、それを矯め直すべき自発的矯正能力はない。第二に、科学技術を全く知らないような文化圏のもつ思想的基本構造には、当然、科学技術に対応すべき何ものかを期待することはできない。とすれば、移植後の科学技術を極めて高度に育てている日本の、あのアマルガムとしての思想的培地にこそ、科学技術の有効性を維持しつつ、しかもその性格を少しずつ変えて行くことのできる創造力を期待する以外にはないのではないか。

このような見解は、いわば消去法によって残されたものであって、もとより、現在の日本が新しい型の、矯正された科学技術を創出する論理的必然性があることを主張するわけではない。それにもかかわらず、細部の異同はあるにしても、欧米の「根こそぎ否定型」をとらない論者のかなりな部分が、この「不徹底移植歓迎型」の見解に何らかの共感を示していることは事実である。

日本でも呼応して

そして日本国内にも、ある種の楽観主義として、この「不徹底移植歓迎型」の議論が少しずつ増え始めているように思われる。たとえば日本の動物行動学研究グループの手になる日本ザルの研究が、そうしたアマルガム的な思想培地から育ったものだ、という議論は、それが地球的規模における危機を救う一助となるかどうかはともかくとして、もう少し小さな規模ではあるにせよ、日本の科学技術の将来に対して、日本独自の新しい道の可能性を見つけようとする意図のもとに立てられたものであったと言えるだろう。

日本における日本ザルの研究を特異な成功に導いた原因は、日本的な自然観の少なくとも一部と関係がある、というのがその議論の大筋である。つまり、西欧的な感覚で言えば、サルの行動の研究は、「あたかも顕微鏡下に、プレパラート上の細菌の振舞いを観察するがごとくに」行なわれるべきである。それゆえ、たとえばサルは、一匹一匹を一度捕獲した上で、お尻の毛を少し剃ってナンバリングのためのやきごてでも当てるか、頸に金属プレートをくりつけるかして放してやる。その行動の観察はあくまで客観的に、人間的な解釈はできるだけ排除する、という方法をとるだろう。

だが日本人グループはそうはしなかった。通常は科学の世界で禁じられているはずの、人間的解釈をふんだんに盛り込んだ方法をとった。サルの個体は一匹一匹人間社会のなかの類型的人物になぞらえて仇名《あだな》がつけられ、それらの行動は、人間社会の一つのモデルとして解釈された。この研究では、人間とサルとの距離はほとんどない。この「距離が小さい」という言い方には二重の意味がある。第一には、人間社会とサル社会とが同じ平面上に置かれて、並行現象として把えられている、という意味において「距離が近い」のであり、第二には、観察者と観察される対象との間の関係が極めて近親性を帯びており、その意味でそこから得られる結果は、客観的というよりはかなりな主観性を帯びるという意味で「距離が近い」のである。

西欧的な思考方式の盲点

こうした議論が無意味だとは私も思わない。確かに、西欧社会の内部においても極度に擬人主義的な解釈をする動物行動学者として知られるK・ローレンツのような研究者が生まれることを考えれば、人間と他の生物との近親性というような特徴——すでに見た聖フランチエスコの場合も同様に――が日本の専売であるとはとても言えないが、しかし逆に見れば、そのK・ローレンツはノーベル賞を受賞はしたものの、その余りに強い擬人主義的解釈のゆえに、とりわけ欧米の「正統的」な行動学者のなかでは必ずしも評判はよくないのであり、また、ホワイトも言うように、聖フランチェスコの例は、欧米社会のなかではやはり異端的であり少数派に過ぎないということを考えれば、そうした場面に、欧米の研究者の一種の盲点を衝くような日本人の研究の特性が顕われていると見ることは、決して牽強付会《けんきょうふかい》と片付けるわけにはいかないであろう。

そして、このような西欧の科学技術のなかに見られる盲点を、小さなものでもよいから一つ一つ見つけ出して、シラミつぶしに補塡して行くことによって、結局は科学技術は少しずつその本来の姿から変容して行くだろうし、その作業は、科学技術を自らの思想構造の内部に産み出したのではなく、他の文化圏の所産として移植という形で受容したがゆえに、科学技術そのものを対自化し対象化することにおいて利点をもつと思われる日本人の担うべきものであろう、と考えたとしても、強《あなが》ち誤りとは言い切れないように私も考えている。

科学技術の補完作業

このような作業は、「根こそぎ否定型」の立場とは違って、西欧近代の科学技術の「成果」を一応認める、という前提から出発する。

すでに述べたように、人間が人間として存在するということは、「あるがままの自然」が与えてくれる以上のものを、自然から収奪しなければならないという宿命を帯びたものとして存在する、ということである以上、その「収奪」をいかに効率よく行なうか、という視点からみて、西欧近代の産んだ科学技術以上に、それを根こそぎ捨て去ってまで採用することのできるほどの有効性をもった体系が存在しているとは思えない。

しかし、西欧近代の産んだ科学技術が、そのすべてにおいて人間の個と種にまたがる生命の維持と発展に役立ってきたと考える人は、今日どれほどの楽観主義者のなかにもいないだろう。これまでの科学技術が齎《もたら》した結果が、寿命の延長、致命的な疾病の克服、労働時間の短縮、食料危機の回避、生活の快適さ・便利さの増進、などに繋がっているとしても、われわれは、そうした目的を達成するために多くの対価を支払ってきた。

その対価の尊さは、所期の目的が達成される度合いに比例して大きく思われてくる。その上、われわれの社会機構のなかでわれわれがそうしたさまざまな利得を享受すること自体が、水俣病を造り、サリドマイド禍を生み出し、四日市ぜんそくを増やしていることを、われわれは自らに問い続けなければならないはずである。

しかしだからと言って今日本人は、たとえば第二次大戦末期や敗戦直後のような生活状態に戻ろうと言っても誰も首肯《うなず》かないだろう。仮に今、独裁政治体制の下で、そうした耐乏生活が強制されたら、たちまちその独裁政権は倒れるだろう。自動車の排気ガス公害反対の闘士が講演会の帰りに自動車が用意されていないと言ってつむじを曲げ、大企業商社の横暴を鳴らす人が、大企業の流通ルートに乗っているがゆえに一年中恒常的に手に入る魚介や鶏肉や野菜を口にしているのである。一度手に入れた快適さを手放すのは不可能に近い。人間とはそうしたものだと言えるかもしれない。

まして、乳幼児の肺炎による死亡を激減させた抗生物質や、三〇年前にはまだ致命的な病気だった結核を基本的には駆逐した一連の抗結核剤の開発、人工心肺をはじめ多くの技術を駆使した手術の新しい術式の開発、そうしたものを、手放してしまう必要があるとは思えない。

とすればわれわれにとっての責務は、基本的にはそうした科学技術の盲点を埋めて行く、補完作業であると言ってよいのではないか。

柔構造の得失

そうした補完作業を余りに矮小化《わいしょうか》しない限りにおいて、という留保をつければ、私もそうした見解を共有するものである。言い換えれば、西欧近代の科学技術のアラ探し・穴探しという形で補完作業を考えるのではなく、近代の科学技術と人間との関係を基本的なところから洗い直し、科学技術が人間の特性の重要な一面を極端に延伸させてきたことを認める前提の上に立って、人間の可能性をあらゆる方向に模索し続けるという、積極的な意味に補完作業を把える限りにおいて、という留保を私は要求したい。

しかし、そうした積極的な意味において把えられた補完作業を担うのに、今日の日本人が適しているか、あるいは他に比べて有利であるか、という問題になると、私にはむしろ楽観的な答えを用意し難いように思われる。

社会構造がソフトであればあるほど、その社会内部の変革のエネルギーは、そのソフトな構造に吸収されがちで、大きな変化を起こし難い。これは政治や経済の体制などについてはしばしば言い立てられるが、知的、思想的構造についても当てはまる。

ヨーロッパにおける科学の歴史を振り返ってもそのことは言えよう。科学の歴史のなかでわれわれが知の変革に出合うのは、さまざまな理論的可能性を許すような柔構造の時代ではなく、一つの範型が細部まで人間の知の様式を支配しているような時代である。

その意味では、日本のように、思想の基本構造が、さまざまなもののアマルガムであって、それ自体可塑的であり、柔構造を備えているような場合に、果たして、その内部に変革のエネルギーがあったとしても、どの程度顕在化するか、疑問なしとしないのである。

けれども、結局はわれわれは、与えられたもののなかで、能《あた》う限りの努力を重ねる以外に道はない。とすれば、われわれは自らのよって立つ思想構造の解明という、一見迂遠《うえん》な作業のなかで、われわれに与えられたものが何であるかを知り、その自覚を得ることを通じて、自らの可能性を明らかにして行くという地道な努力を積み重ねるのみである。

後記にかえて

このささやかな本を執筆するに当たって、先学の残された多くの研究業績を参考にさせて戴いた。本文中に出典を明らかにしたものもあるが、ここに列記して感謝の気持を表わすとともに、今後このような問題に更に深い興味をもたれる読者の方々への文献の手引きとしたい（明治以降は省略した。順不同）。

一、資料集
三枝博音編『日本科学古典全書』朝日新聞社
早川純三郎編『文明源流叢書』国書刊行会
日本学士院編「明治前日本科学史」シリーズ、日本学術振興会
日本科学史学会編『日本科学技術史大系』第一法規出版
ルイス・フロイス『日本史』東洋文庫　平凡社
ヴァリニャーノ『日本巡察記』桃源社
ロドリーゲス『日本教会史』岩波書店

松田毅一編『日欧交渉史文献目録』一誠堂書店
ツンベルグ『日本紀行』駿南社

二、一般通史

杉本勲編『科学史』山川出版
湯浅光朝『科学史』東洋経済新報社
朝日新聞社編『日本科学技術史』朝日新聞社
堀内剛二『近代科学思想の系譜』至文堂
大槻如電『日本洋学編年史』錦正社

三、個別研究

A、火器

有馬成甫『火砲の起原とその伝流』吉川弘文館
洞富雄『種子島銃』発行・淡路書房新社、発売・雄山閣
所荘吉『火縄銃』雄山閣

B、暦

荒木俊馬『日本暦学史概説』恒星社厚生閣

能田忠亮・藪内清『漢書律暦志の研究』全国書房
C、南蛮学・切支丹
海老沢有道『南蛮学統の研究』創文社
海老沢有道『南蛮文化』至文堂
海老沢有道『切支丹の社会活動及南蛮医学』冨山房
アルペ『聖フランシスコ・デ・サビエル』春秋社
中村拓『鎖国前に南蛮人の作れる日本地図』東洋文庫　平凡社
パジェス『日本切支丹宗門史』岩波書店
田中将『日本キリシタン物語』角川書店
外山卯三郎『きりしたん文化史』地平社
外山卯三郎『南蛮学考』国民社創立事務所
松田毅一『南蛮史料の発見』中央公論社
D、蘭学・医学
古賀十二郎『長崎洋学史』長崎文献社
古賀十二郎『西洋医術伝来史』日新書院
佐藤昌介『洋学史研究序説』岩波書店
呉秀三『シーボルト先生』吐鳳堂書店

鈴木要吾『蘭学全盛時代と蘭疇の生涯』東京医事新誌局
板沢武雄『日蘭文化交渉史の研究』吉川弘文館
板沢武雄『日本とオランダ』至文堂
沼田次郎『幕末洋学史』刀江書院
沼田次郎『洋学伝来の歴史』至文堂
緒方富雄『緒方洪庵伝』岩波書店
緒方富雄『蘭学のころ』弘文社
和田信二郎『中川淳庵先生』立命館出版部
深川晨堂『漢洋医学闘争史』旧藩と医学社
吉田三郎『杉田玄白・高野長英』北海出版社
日独文化協会編『シーボルト研究』岩波書店
新村出『正続南蛮広記』岩波書店
高野長運『高野長英伝』岩波書店
安西安周『日本儒医研究』龍吟社

E、江戸時代の科学一般

藤原暹『江戸時代における「科学的自然観」の研究』富士短大出版部
渡辺敏夫『天文暦学史上に於ける間重富とその一家』山口書店

藪内清・宗田一編『江戸時代の科学器械』恒星社厚生閣
東京科学博物館編『江戸時代の科学』博文館
筑波常治『科学事始』筑摩書房
小堀憲編『十八世紀の自然科学』恒星社厚生閣
F、その他
三瓶孝子『日本機業史』雄山閣
上野益三『日本博物学史』星野書店
ユール『東西交渉史』帝国書院

終わりに、本書は、小野健一東京大学教授の御推挙によるものであることを記し、心からなる感謝を捧げたい。また折に触れて筆者を激励し、御自分の最新の業績を使うよう推《すす》めても下さった伊東俊太郎東京大学助教授に対しても、深く感謝申し上げる。

村上陽一郎

学術文庫のための「あとがき」

自分の書いた書物が可愛くないとは言えません。まして、私にとって文字通り最初の印刷された書物です。それなりに愛着はあり、思い入れはあっても、初版の出版が一九六八年、それから一〇年後、元々の書肆《しょし》(三省堂)で新版として補章などを加えながら選書化もされましたが、初版から数えればちょうど半世紀、選書版からでも四〇年が経過しています。今、世の中に通用するか、あるいは由緒ある講談社の学術文庫に取り入れられる価値があるのか、編集部からお話があったとき、正直のところ強い躊躇《ためら》いがあり、悩みがありました。

こうした文庫に収載される書物は、一つには、現下に生々しい問題提起や、生き生きとした主張や提言を含んでいて、多くの読者に広く読んで欲しい、という思いを載せた書物である、と考えられます。同時に、二つ目として、その相当部分は、いわゆる古典と見なされるものです。「クラシック」という、古典に相当する欧語の原意に「古い」という意味はありません(もともとは「軍船」あるいは「艦隊」とでも訳せるような言葉です)が、しかし、私たちの常識では、年月の篩《ふる》いに堪えて、なお今日に生き続ける価値があると認められたものを指す言葉でしょう。実際、講談社学術文庫のラインアップを見ても、そういう印象ははっきりしています。

だから、この本を学術文庫に採録することは、上の二つのどちらかのうちでは、当然原著の出版年代から見て、古典的価値を備えている、という形にならざるを得ず、したがって、このお申し出を承諾することは、そのことを不遜にも自分で認めた、と解される懼《おそ》れがあります。先述の躊躇いや悩みの中心には、その懼れがありました。

結局の所、私は、編集部のお申し出を受け入れる決断をしたのですが、少なくとも自分のこの著作を「古典」に値する、という理由からではなかったことだけは、ここに確言しておきたいと思っております。これは単なるエクスキューズでも、謙遜を気取っているわけでもありません。

というのも、この書物を新版として世に問う私の意識のなかには、一種「生き恥をさらす」というような感覚があるのです。この「生き恥」は、もとより私という個人のものですが、幾分かは、私の生きていた時代の日本社会全体のもの、という思いも私にあることを告白します。それはお前の思い上がりだ、という評言が直《す》ぐに心に浮かんできます。そうなのでしょう。少なくとも、そういう反応があり得ることは否定できない。ただ、今から五〇年前、あるいは四〇年前、この本を書いたのは私という個人には違いないのですが、しかしその個人は決して社会から切り離された、「孤人」であったわけでなかったことだけは確実です。良くも悪くも、私も、その時代時代の変数に支配された関数的存在でした。だからと言って、執筆内容の責任を社会や時代に転嫁しているわけではありません。

一人の個人が社会との関わりのなかで、それまでに蓄積・咀嚼してきたものを独自の形ではき出す、だから、責任は当然その個人にある、それが執筆活動というものの原型ではないでしょうか。そして、人が蓄積・咀嚼したもの、あるいはその方法が、時代と社会の関数であることを免れない。この原則を、私は自分の専門の一つである科学史の領域の勉強のなかから骨身に沁みて学びました。そのことを今、自分自身に適用しているに過ぎません。

つまり、今私がこのテーマで一冊の本を書くとしたら、恐らく本書にはならない、とは思います。若気の至り、本書にはそれも大いにあるでしょう。でも、今の自分はこの本の著者ではない、ということは、私が歳をとり、「成熟」したからではありません。

一例を挙げます。

この本では、日本における近代科学の小史を書くことが基本的な目標です。しかし、特に後半に、かなりなページを割いて、日本文化論を行なっています。別の見地からすれば、比較科学史という概念を強く打ち出して、その観点から、日本文化の特色を浮き上がらせようと努力をしています。そこには、それこそ若気の至りのところも多々あるでしょうが、今から見ても面白い提案もないわけではないと思います。そこは読者にも評価して戴ければ嬉しく思います。

しかし、今の私が本書の著者であったら、その種の要素はかなり後景に退くはずです。日本文化論や比較文化論と言えば、しきりに本書の私が引用するベルッをはじめ、海外の人びとの日本文化論もピークの時期だけでなく汗牛充棟《かんぎゅうじゅうとう》。たとえば坂口安吾の卓抜な日本文化私観を引き出したブルーノ・タウトも、今でも読者の絶えないルース・ベネディクトの『菊と刀』も、イザベラ・バードも、アーネスト・サトーの日記も、E・S・モースも、いや遡れば、キリシタン時代のヴァリニアーノも、近くはモーリス・パンゲやドナルド・キーン(キーンさんは今は日本人ですが)、サイデンスティッカーも。そして日本の書き手としても、岡倉天心も、夏目漱石も、森鷗外も、西田幾多郎も、鈴木大拙も、あるいは山本七平、加藤周一、中根千枝も、土居健郎も……。挙げればきりがありません。脱線しますが、アメリカで日本人の書いた日本文化論の典型は、「甘えの構造」と判断されているようです。アメリカで日本文化を論じるセミナーのテクストとして、それが頻繁に利用されているという事実があるからです。

なぜこう埒《らち》もないことを書き連ねたかと言いますと、私がこの本を執筆した当時、私は東京大学大学院人文科学研究科比較文学・比較文化博士課程なる機関を、満期退学したところでした。そしてその当時、その機関のなかで私が扱った文献類のリストが、まさしく上に書いたような諸書でありましたし、そうした特別な環境を離れても、「昭和元禄」の言葉とともに、当時は「日本」というものの特異性が、ある種の誇りも含みながら、しきりに問題とされる時代でもありました。私は、ほとんど無意識のうちに、日本における近代科学の歴史を通して、日本文化の特色を描かねばならない、という義務感を背負って本書の執筆に向かってていたことを、思い出します。その義務感の産物が本書というわけです。

　今、正面きっての日本文化論に挑むことには、どこか気恥ずかしさが伴います。そもそも、そうした「大きな物語」を書くこと自体が、学問の上で、躊躇われる時代になっています。先ほど「生き恥」と書いた、例えば、「和魂洋才」一つでも、私は「和魂」と言いつつも、実際はそれを棚上げにして、外来の文明を取り入れるときの日本の姿勢一般として扱っています。だからこそ、「和魂洋才」は「和魂漢才」の焼き直しでもある、ということにもなります。しかし、現在では、このような大づかみの理解、つまり「大きな物語」ではなく、よりそれぞれの時代の詳細に踏み込んだ研究成果が豊富にあります。外来の文明的所産の一つ一つを受け入れる際、例えば教条的ではないような儒学的価値観（それも、和魂の具体的な現われの一つ）による選択が働いている、という解釈もその一つです。個別例に丹念に肉薄したそういう解釈に従えば、「和魂」というべき日本の根底文化は、決して「棚上げ」されているわけではない、と考えることも可能です。今では、私も、そうした事実を否定したいとは思いません。それも個人として、と同時に日本社会としても、と付け加えたのも、そんな意味からです。

　しかし逆に、そんな時代だったからこそ、一介の、書き手としてはまだ青臭い人間が、何とかこうした「大きな物語」に挑戦した時代もあったこと、また、その結果を、とにかく一つの証言として、ここに読むことができる。そう考えることで、本書を学術文庫に加えて戴ける意味もあるのではないか。これが、私の辿り着いた結論です。言い換えれば、現代には、あまり接することのできない視点から、近代科学と日本という問題を眺めたものだから、とにかく読んでみて欲しい、と言えば、自負が過ぎましょうか。

なんだか、言い訳に終始した「あとがき」になりました。なお、今回最小限の手直しは施しましたが、根本的な改訂は一切行なっておりません。また、これまでに旧版へ手を伸ばして下さったすべての読者への、深い感謝の意味もあります。加えて、編集の実務に心を籠めて携わって下さった講談社学芸部の原田美和子さん、また驚嘆すべき緻密さで調査をして下さった校閲部にも、感謝の言葉をお贈りします。有難うございました。

平成も終わらんとする三十年五月

著　者

本書の原本は、一九七七年八月、三省堂選書より『日本近代科学の歩み　新版』として刊行されました。講談社学術文庫に収録するにあたり、改題したものです。

村上陽一郎（むらかみ　よういちろう）

1936年東京生まれ。東京大学教養学部教養学科卒。同大学大学院人文科学研究科博士課程満期退学。東京大学教授，東洋英和女学院大学学長などを経て，現在，東京大学名誉教授，国際基督教大学名誉教授。『近代科学と聖俗革命』『安全学』など著書多数。講談社学術文庫に『近代科学を超えて』『奇跡を考える』などがある。

講談社学術文庫

定価はカバーに表示してあります。

日本《にほん》近代《きんだい》科《か》学《がく》史《し》

村上陽一郎《むらかみよういちろう》

2018年９月10日　第１刷発行

発行者　渡瀬昌彦

発行所　株式会社講談社

東京都文京区音羽 2-12-21 〒112-8001

電話　編集（03）5395-3512

販売（03）5395-4415

業務（03）5395-3615

装　幀　蟹江征治

印　刷　豊国印刷株式会社

製　本　株式会社国宝社

本文データ制作　講談社デジタル製作

ISBN978-4-06-513027-8

「講談社学術文庫」の刊行に当たって

これは、学術をポケットに入れることをモットーとして生まれた文庫である。学術は少年の心を養い、成年の心を満たす。その学術がポケットにはいる形で、万人のものになることは、生涯教育をうたう現代の理想である。

こうした考え方は、学術を巨大な城のように見る世間の常識に反するかもしれない。また、一部の人たちからは、学術の権威をおとすものと非難されるかもしれない。しかし、それはいずれも学術の新しい在り方を解しないものといわざるをえない。

学術は、まず魔術への挑戦から始まった。やがて、いわゆる常識をつぎつぎに改めていった。学術の権威は、幾百年、幾千年にわたる、苦しい戦いの成果である。こうしてきずきあげられた城が、一見して近づきがたいものにうつるのは、そのためである。しかし、学術の権威を、その形の上だけで判断してはならない。その生成のあとをかえりみれば、その根は常に人々の生活の中にあった。学術が大きな力たりうるのはそのためであって、生活をはなれた学術は、どこにもない。

開かれた社会といわれる現代にとって、これはまったく自明である。生活と学術との間に、もし距離があるとすれば、何をおいてもこれを埋めねばならない。もしこの距離が形の上の迷信からきているとすれば、その迷信をうち破らねばならぬ。

学術文庫は、内外の迷信を打破し、学術のために新しい天地をひらく意図をもって生まれた。文庫という小さい形と、学術という壮大な城とが、完全に両立するためには、なおいくらかの時を必要とするであろう。しかし、学術をポケットにした社会が、人間の生活にとってより豊かな社会であることは、たしかである。そうした社会の実現のために、文庫の世界に新しいジャンルを加えることができれば幸いである。

一九七六年六月

野間省一